U0260294

“十三五”国家重点图书出版规划项目

中国水稻品种志

万建民　总主编

贵州卷

黄宗洪　主　编

中 国 农 业 出 版 社
北 京

内容简介

贵州省位于云贵高原的东斜坡面，地处北纬24°37′～29°13′，东经103°36′～109°35′，立体气候明显，水稻育种历史悠久，稻种资源极为丰富。自20世纪30年代开展稻种资源搜集、整理和系统选育工作以来，1977—2013年间经贵州省审定并推广的水稻品种达258个，为贵州水稻生产做出了重要贡献。本书概述了贵州稻作区划、水稻品种改良历程及稻种资源状况，主要选录了在贵州省水稻生产中发挥了重大作用或在水稻育种中具有重大影响以及近年来通过审定并获得国家植物新品种权和具有特种优异性状的品种163个，按照常规籼稻（26个）、杂交籼稻（90个）、常规粳稻（44个）、杂交粳稻（3个）4个类别加以详细介绍。多数品种配有植株、稻穗、谷粒、米粒相关照片和文字说明，但少数品种因缺少种子而无照片。同时，本书还介绍了10位在贵州省乃至全国水稻育种中做出突出贡献的著名专家。

为便于读者查阅，各类品种均按汉语拼音顺序排列。同时为便于读者了解品种选育年代，书后还附有品种检索表，包括类型、审定编号和品种权号。

Abstract

Guizhou Province, located at 24°37′~29°13′N and 103°36′~109°35′E, is in the east slope of Yunnan-Guizhou plateau. Due to the obvious stereoscopic climate and long history of planting, rice germplasm resources are extremely abundant in Guizhou Province. From 1930s, scientists in Guizhou Province began to collect rice germplasm resources and carry out rice breeding with systematical method. Since then, rice breeding in Guizhou Province achieved remarkable success. During the period from 1977 to 2013,up to 258 rice varieties were registered and popularized in Guizhou Province, which made profound impact on rice production in the province. This book summarized rice cultivation regionalization, processes of rice variety improvement and status of rice germplasm resources in Guizhou Province, and selected 163 important varieties including those that have played great roles in rice production or those that have been approved by the Crop Variety Approval Committee of Guizhou Province. These varieties were described according to the order of conventional *indica* rice (26), *indica* hybrid rice (90), conventional *japonica* rice (44) and *japonica* hybrid rice (3) in detail. Most of selected varieties were described with photos of plants, spikes and grains, but some of them only had descriptions without photos because of no seeds available. Moreover, this book also introduced 10 famous rice breeders who made outstanding contributions to rice breeding in Guizhou Province and even in the whole country.

For the convenience of readers' reference, all varieties were arranged according to the order of Chinese phonetic alphabet. At the same time, in order to facilitate readers to access simplified variety information, a variety index was attached at the end of the book, including category, approval number and variety right number etc.

《中国水稻品种志》
编辑委员会

贵州卷编委会

主　编　黄宗洪

副主编　朱速松　彭　强

编著者（以姓氏笔画为序）

王际凤　车崇洪　向关伦　刘业海　江　松

阮仁超　李其义　李佳丽　杨占烈　余显权

张时龙　张尚兴　张家洪　陈文强　施文娟

高　捷　浦选昌　黄贵民　黄俊明　鹿占黔

审　校　黄宗洪　朱速松　杨庆文　汤圣祥

前 言

水稻是中国和世界大部分地区栽培的最主要粮食作物，水稻的产量增加、品质改良和抗性提高对解决全球粮食问题、提高人们生活质量、减轻环境污染具有举足轻重的作用。历史证明，中国水稻生产的两次大突破均是品种选育的功劳，第一次是20世纪50年代末至60年代初开始的矮化育种，第二次是70年代中期开始的杂交稻育种。90年代中期，先后育成了超级稻两优培九、沈农265等一批超高产新品种，单产达到11～12t/hm^2。单产潜力超过16t/hm^{2}的超级稻品种目前正在选育过程中。水稻育种虽然取得了很大成绩，但面临的任务也越来越艰巨，对骨干亲本及其育种技术的要求也越来越高，因此，有必要编撰《中国水稻品种志》，以系统地总结65年来我国水稻育种的成绩和育种经验，提高我国新形势下的水稻育种水平，向第三次新的突破前进，进而为促进我国民族种业发展、保障我国和世界粮食安全做出新贡献。

《中国水稻品种志》主要内容分三部分：第一部分阐述了1949—2014年中国水稻品种的遗传改良成就，包括全国水稻生产情况、品种改良历程、育种技术和方法、新品种推广成就和效益分析，以及水稻育种的未来发展方向。第二部分展示中国不同时期育成的新品种（新组合）及其骨干亲本，包括常规籼稻、常规粳稻、杂交籼稻、杂交粳稻和陆稻的品种，并附有品种检索表，供进一步参考。第三部分介绍中国不同时期著名水稻育种专家的成就。全书分十八卷，分别为广东海南卷、广西卷、福建台湾卷、江西卷、安徽卷、湖北卷、四川重庆卷、云南卷、贵州卷、黑龙江卷、辽宁卷、吉林卷、浙江上海卷、江苏卷，以及湖南常规稻卷、湖南杂交稻卷、华北西北卷和旱稻卷。

《中国水稻品种志》根据行政区划和实际生产情况，把中国水稻生产区域分为华南、华中华东、西南、华北、东北及西北六大稻区，统计并重点介绍了自1978年以来我国育成年种植面积大于40万hm^{2}的常规水稻品种如湘矮早9号、原丰早、浙辐802、桂朝2号、珍珠矮11等共23个，杂交稻品种如D优63、冈优22、南优2号、汕优2号、汕优6号等32个，以及2005—2014年育成的超级稻品种如龙粳31、武运粳27、松粳15、中早39、合美占、中嘉早17、两优培九、准两优527、辽优1052和甬优12、徽两优6号等111个。

《中国水稻品种志》追溯了65年来中国育成的8 500余份水稻、陆稻和杂交水稻现代品种的亲源，发现一批极其重要的育种骨干亲本，它们对水稻品种的遗传改良贡献巨大。据不完全统计，常规籼稻最重要的核心育种骨干亲本有矮仔占、南特号、珍汕97、矮脚南特、珍珠矮、低脚乌尖等22个，它们衍生的品种数超过2 700个；常规粳稻最重要的核心育种骨干亲本有旭、笹锦、坊主、爱国、农垦57、农垦58、农虎6号、测21等20个，衍生的品种数超过2 400个。尤其是携带*sd1*矮秆基因的矮仔占质源自早期从南洋引进后就成为广西容县一带优良农家地方品种，利用该骨干亲本先后育成了11代超过405个品种，其中种植面积较大的育成品种有广场矮、珍珠矮、广陆矮4号、二九青、先锋1号、特青、桂朝2号、双桂1号、湘早籼7号、嘉育948等。

《中国水稻品种志》还总结了我国培育杂交稻的历程，至今最重要的杂交稻核心不育系有珍汕97A、Ⅱ-32A、V20A、协青早A、金23A、冈46A、谷丰A、农垦58S、安农S-1、培矮64S、Y58S、株1S等21个，衍生的不育系超过160个，配组的大面积种植品种数超过1 300个；已广泛应用的核心恢复系有17个，它们衍生的恢复系超过510个，配组的杂交品种数超过1 200个。20世纪70～90年代大部分强恢复系引自国外，包括IR24、IR26、IR30、密阳46等，它们均含有我国台湾地方品种低脚乌尖的血缘（*sd1*矮秆基因）。随着明恢63（IR30/圭630）的育成，我国杂交稻恢复系选育走上了自主创新的道路，育成的恢复系其遗传背景呈现多元化。

《中国水稻品种志》由中国农业科学院作物科学研究所主持编著，邀请国内著名水稻专家和育种家分卷主撰，凝聚了全国水稻育种者的心血和汗水。同时，在本志编著过程中，得到全国各水稻研究教学单位领导和相关专家的大力支持和帮助，在此一并表示诚挚的谢意。

《中国水稻品种志》集科学性、系统性、实用性、资料性于一体，是作物品种志方面的专著，内容丰富，图文并茂，可供从事作物育种和遗传资源研究者、高等院校师生参考。由于我国水稻品种的多样性和复杂性，育种者众多，资料难以收全，尽管在编著和统稿过程中注意了数据的补充、核实和编撰体例的一致性，但限于编著者水平，书中疏漏之处难免，敬请广大读者不吝指正。

编 者

2018年4月

目 录

第一章

中国稻作区划与水稻品种遗传改良概述

水稻是中国最主要的粮食作物之一，稻米是中国一半以上人口的主粮。2014年，中国水稻种植面积3 031万hm^2，总产20 651万t，分别占中国粮食作物种植面积和总产量的26.89%和34.02%。毫无疑问，水稻在保障国家粮食安全、振兴乡村经济、提高人民生活质量方面，具有举足轻重的地位。

中国栽培稻属于亚洲栽培稻种（*Oryza sativa* L.），有两个亚种，即籼亚种（*O. sativa* L. subsp. *indica*）和粳亚种（*O. sativa* L. subsp. *japonica*）。中国不仅稻作栽培历史悠久，稻作环境多样，稻种资源丰富，而且育种技术先进，为高产、多抗、优质、广适、高效水稻新品种的选育和推广提供了丰富的物质基础和强大的技术支撑。

中华人民共和国成立以来，通过育种技术的不断改进，从常规育种（系统选择、杂交育种、诱变育种、航天育种）到杂种优势利用，再到生物技术育种（细胞工程育种、分子标记辅助选择育种、遗传转化育种等），至2014年先后育成8 500余份常规水稻、陆稻和杂交水稻现代品种，其中通过各级农作物品种审定委员会审（认）定的水稻品种有8 117份，包括常规水稻品种3 392份，三系杂交稻品种3 675份，两系杂交稻品种794份，不育系256份。在此基础上，实现了水稻优良品种的多次更新换代。水稻品种的遗传改良和优良新品种的推广，栽培技术的优化和病虫害的综合防治等一系列技术革新，使我国的水稻单产从1949年的1 892kg/hm^2提高到2014年的6 813.2kg/hm^2，增长了260.1％；总产从4 865万t提高到20 651万t，增长了324.5%；稻作面积从2 571万hm^2增加到3 031万hm^2，仅增加了17.9%。研究表明，新品种的不断育成和推广是水稻单产和总产不断提高的最重要贡献因子。

第一节　中国栽培稻区的划分

水稻是喜温喜水、适应性强、生育期较短的谷类作物，凡温度适宜、有水源的地方，均可种植水稻。中国稻作分布广泛，最北的稻作区位于黑龙江省的漠河（北纬53° 27′），为世界稻作区的北限；最高海拔的稻作区在云南省宁蒗县山区，海拔高度2 965m。在南方的山区、坡地以及北方缺水少雨的旱地，种植有较耐干旱的陆稻。从总体看，由于纬度、温度、季风、降水量、海拔高度、地形等的影响，中国水稻种植面积存在南方多北方少，东南集中西北分散的状况。

本书以我国行政区划（省、自治区、直辖市）为基础，结合全国水稻生产的光温生态、季节变化、耕作制度、品种演变等，参考《中国水稻种植区划》（1988）和《中国水稻生产发展问题研究》（2010），将全国分为华南、华中华东、西南、华北、东北和西北六大稻区。

一、华南稻区

本区位于中国南部，包括广东、广西、福建、海南等大陆4省（自治区）和台湾省。本区水热资源丰富，稻作生长季260 ～ 365d，≥10℃的积温5 800 ～ 9 300℃；稻作生长季日照时数1 000 ～ 1 800h，降水量700 ～ 2 000mm。稻作土壤多为红壤和黄壤。本区的籼稻面积占95%以上，其中杂交籼稻占65%左右，耕作制度以双季稻和中稻为主，也有部分单季晚稻，部分地区实行与甘蔗、花生、薯类、豆类等作物当年或隔年水旱轮作。

2014年本区稻作面积503.6万hm^2（不包括台湾），占全国稻作总面积的16.61%。稻谷单产5 778.7kg/hm^2，低于全国平均产量（6 813.2kg/hm^2）。

二、华中华东稻区

本区为中国水稻的主产区，包括江苏、上海、浙江、安徽、江西、湖南、湖北7省（直辖市），也称长江中下游稻作区。本区属亚热带温暖湿润季风气候，稻作生长季210～260d，≥10℃的积温4 500～6 500℃；稻作生长季日照时数700～1 500h，降水量700～1 600mm。本区平原地区稻作土壤多为冲积土、沉积土和鳝血土，丘陵山地多为红壤、黄壤和棕壤。本区双、单季稻并存，籼稻、粳稻均有。20世纪60～80年代，本区双季稻面积占全国双季稻面积的50%以上，其中，浙江、江西、湖南的双季稻面积占该三省稻作面积的80%～90%。20世纪80年代中期以来，由于种植结构和耕作制度的变革，杂交稻的兴起，以及双季早稻米质不佳等原因，双季早稻面积锐减，使本区的稻作面积从80年代初占全国稻作面积的54%下降到目前的49%左右。尽管如此，本区稻米生产的丰歉，对全国粮食形势仍然具有重要影响。太湖平原、里下河平原、皖中平原、鄱阳湖平原、洞庭湖平原、江汉平原历来都是中国著名的稻米产区。

2014年本区稻作面积1 501.6万hm^2，占全国稻作总面积的49.54%。稻谷单产6 905.6kg/hm^2，高于全国平均产量。

三、西南稻区

本区位于云贵高原和青藏高原，属亚热带高原型湿热季风气候，包括云南、贵州、四川、重庆、青海、西藏6省（自治区、直辖市）。本区具有地势高低悬殊、温度垂直差异明显、昼夜温差大的高原特点，稻作生长季180～260d，≥10℃的积温2 900～8 000℃；稻作生长季日照时数800～1 500h，降水量500～1 400mm。稻作土壤多为红壤、红棕壤、黄壤和黄棕壤等。本区籼稻、粳稻并存，以单季中稻为主，成都平原是我国著名的单季中稻区。云贵高原稻作垂直分布明显，低海拔（<1 400m）稻区多为籼稻，湿热坝区可种植双季籼稻，高海拔（>1 800m）稻区多为粳稻，中海拔（1 400～1 800m）稻区籼稻、粳稻并存。部分山区种植陆稻，部分低海拔又无灌溉水源的坡地筑有田埂，种植雨水稻。

2014年本区稻作面积450.9万hm^2，占全国稻作总面积的14.88%。稻谷单产6 873.4kg/hm^2，高于全国平均产量。

四、华北稻区

本区位于秦岭—淮河以北，长城以南，关中平原以东地区，包括北京、天津、山东、河北、河南、山西、内蒙古7省（自治区、直辖市）。本区属暖温带半湿润季风气候，夏季温度较高，但春、秋季温度较低，稻作生长季较短，无霜期170～200d，年≥10℃的积温4 000～5 000℃；年日照时数2 000～3 000h，年降水量580～1 000mm，但季节间分布不均。稻作土壤多为黄潮土、盐碱土、棕壤和黑黏土。本区以单季早、中粳稻为主，水源主要来自渠井和地下水。

2014年本区稻作面积95.3万hm^2，占全国稻作总面积的3.14%。稻谷单产7 863.9kg/hm^2，高于全国平均产量。

五、东北稻区

本区是我国纬度最高的稻作区，包括黑龙江、吉林和辽宁3省，属中温带—寒温带，年平均气温2～10℃，无霜期90～200d，年≥10℃的积温2 000～3 700℃；年日照时数2 200～3 100h，年降水量350～1 100mm。本区光照充足，但昼夜温差大，稻作生长期短，土壤多为肥沃、深厚的黑泥土、草甸土、棕壤以及盐碱土。稻作以早熟的单季粳稻为主，冷害和稻瘟病是本区稻作的主要问题。最北部的黑龙江省稻区，粳稻品质十分优良，近35年来由于大力发展灌溉设施，稻作面积不断扩大，从1979年的84.2万hm^2发展到2014年的320.5万hm^2，成为中国粳稻的主产省之一。

2014年本区稻作面积451.5万hm^2，占全国稻作总面积的14.90%。稻谷单产7 863.9kg/hm^2，高于全国平均产量。

六、西北稻区

本区包括陕西、甘肃、宁夏和新疆4省（自治区），幅员广阔，光热资源丰富，但干燥少雨，季节和昼夜气温变化大，无霜期150～200d，年≥10℃的积温3 450～3 700℃；年日照时数2 600～3 300h，年降水量150～200mm。稻田土壤较瘠薄，多为灰漠土、草甸土、粉沙土、灌淤土及盐碱土。稻作以单季粳稻为主，分布于河流两岸及有灌溉水源的地区。干燥少雨是本区发展水稻的制约因素。

2014年本区稻作面积28.2万hm^2，占全国稻作总面积的0.93%。稻谷单产8 251.4kg/hm^2，高于全国平均产量。

中华人民共和国成立65年来，六大稻区的水稻种植面积及占全国稻作面积的比例发生了一定变化。华南稻区的稻作面积波动较大，从1949年的811.7万hm^2，增加到1979年的875.3万hm^2，但2014年下降到503.6万hm^2。华中华东稻区是我国的主产稻区，基本维持在全国稻区面积的50%左右，其种植面积的高峰在20世纪的70～80年代，达到全国稻区面积的53%～54%。西南和西北稻区稻作面积基本保持稳定，近35年来分别占全国稻区面积的14.9%和0.9%左右。华北和东北稻区种植面积和占比均有提高，特别是东北稻区，其稻作面积和占比近35年来提高较快，2014年达到了451.5万hm^2，全国占比达到14.9%，与1979年的84.2万hm^2相比，种植面积增加了367.3万hm^2。我国六大稻区2014年的稻作面积和占比见图1-1。

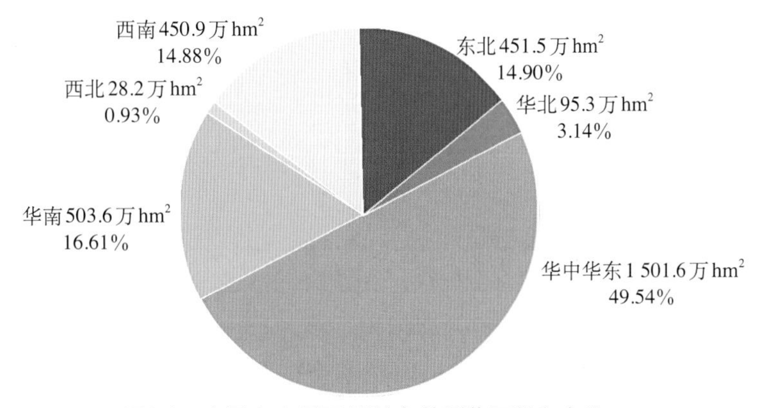

图1-1　中国六大稻区2014年的稻作面积和占比

第二节 中国栽培稻的分类

中国栽培稻的分类比较复杂，丁颖教授将其系统分为四大类：籼亚种和粳亚种，早稻、中稻和晚稻，水稻和陆稻，粘稻和糯稻。随着杂种优势的利用，又增加了一类，为常规稻和杂交稻。本节将根据这五大类分别进行介绍。

一、籼稻和粳稻

中国栽培稻籼亚种（*O. sativa* L. subsp. *indica*）和粳亚种（*O. sativa* L. subsp. *japonica*）的染色体数同为24（$2n$=24），但由于起源演化的差异和人为选择的结果，这两个亚种存在一定的形态和生理特性差异，并有一定程度的生殖隔离。据《辞海》（1989年版）记载，籼稻与粳稻比较：籼稻分蘖力较强；叶幅宽，叶色淡绿，叶面多毛；小穗多数短芒或无芒，易脱粒，颖果狭长扁圆；米质黏性较弱，膨性大；比较耐热和耐强光，主要分布于华南热带和淮河以南亚热带的低地。

按照现代分类学的观点，粳稻又可分为温带粳稻和热带粳稻（爪哇稻）。中国传统（农家/地方）粳稻品种均属温带粳稻类型。近年有的育种家为扩大遗传背景，在育种亲本中加入了热带粳稻材料，因而育成的水稻品种含有部分热带粳稻（爪哇稻）的血缘。

籼稻、粳稻的分布，主要受温度的制约，还受到种植季节、日照条件和病虫害的影响。目前，中国的籼稻品种主要分布在华南和长江流域各省份，以及西南的低海拔地区和北方的河南、陕西南部。湖南、贵州、广东、广西、海南、福建、江西、四川、重庆的籼稻面积占各省稻作面积的90%以上，湖北、安徽占80%～90%，浙江、云南在50%左右，江苏在25%左右。粳稻主要分布在东北、华北、长江下游太湖地区和西北，以及华南、西南的高海拔山区。东北的黑龙江、吉林、辽宁三省是全国著名的北方粳稻产区，江苏、浙江、安徽、湖北是南方粳稻主产区，云南的高海拔地区则以粳稻为主。

2014年，中国籼稻种植面积2 130.8万hm^2，约占稻作面积的70.3%；粳稻面积900.2万hm^2，占稻作面积的29.7%。据统计，2014年中国种植面积大于6 667hm^2的常规水稻品种有298个，其中籼稻品种104个，占34.9%；粳稻品种194个，占65.1%；2014年种植面积最大的前5位常规粳稻品种是：龙粳31（92.2万hm^2）、宁粳4号（35.8万hm^2）、绥粳14（29.1万hm^2）、龙粳26（28.1万hm^2）和连粳7号（22.0万hm^2）；种植面积最大的前5位常规籼稻品种是：中嘉早17（61.1万hm^2）、黄华占（30.6万hm^2）、湘早籼45（17.8万hm^2）、中早39（16.3万hm^2）和玉针香（11.2万hm^2）。

二、常规稻和杂交稻

常规稻是遗传纯合、可自交结实、性状稳定的水稻品种类型，杂交稻是利用杂种一代优势、目前必须年年制种的杂交水稻类型。中国是世界上第一个大面积、商品化应用杂交稻的国家，20世纪70年代后期开始大规模推广三系杂交稻，90年代初成功选育出两系杂交稻并应用于生产。目前，常规稻种植面积占全国稻作面积的46%左右，杂交稻占54%左右。

1991年我国年种植面积大于6 667hm^{2}的常规稻品种有193个，2014年增加到298个（图1-2）；杂交稻品种数从1991年的62个增加到2014年的571个。1991年以来，年种植面积大于6 667hm^{2}的常规稻品种数每年较为稳定，基本为200 ~ 300个品种，但杂交稻品种数增加较快，增加了8倍多。

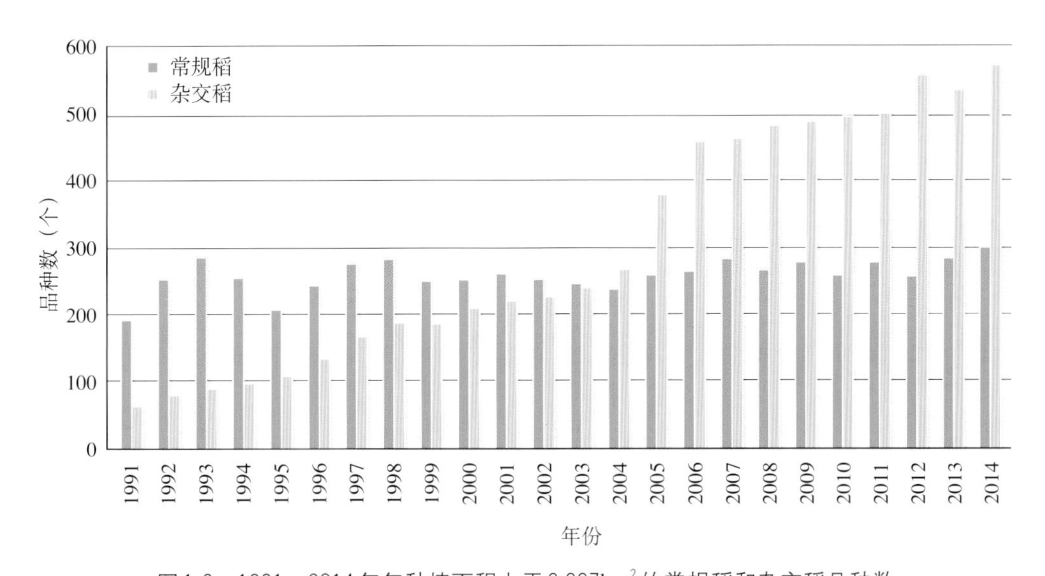

图1-2 1991—2014年年种植面积大于6 667hm^{2}的常规稻和杂交稻品种数

三、早稻、中稻和晚稻

在稻种向不同纬度、不同海拔高度传播的过程中，在日照和温度的强烈影响下，在自然选择和人为选择的综合作用下，栽培稻发生了一系列感光性和感温性的变异，出现了早稻、中稻和晚稻栽培类型。一般而言，早稻基本营养生长期短，感温性强，不感光或感光性极弱；中稻基本营养生长期较长，感温性中等，感光性弱；晚稻基本营养生长期短，感光性强，感温性中等或较强，但通常晚籼稻的感光性强于晚粳稻。

籼稻和粳稻、杂交稻和常规稻都有早、中、晚类型，每一类型根据生育期的长短有早熟、中熟和迟熟之分，从而形成了大量适应不同栽培季节、耕作制度和生育期要求的品种。在华南、华中的双季稻区，早籼和早粳品种对日长反应不敏感，生育期较短，一般3 ~ 4月播种，7 ~ 8月收获。在海南和广东南部，由于温度较高，早籼稻通常2月中、下旬播种，6月下旬收获。中稻一般作单季稻种植，生育期稳定，产量较高，华南稻区部分迟熟早籼稻品种在华中和华东地区可作中稻种植。晚籼稻和晚粳稻均可作双季晚稻和单季晚稻种植，以保证在秋季气温下降前抽穗授粉。

20世纪70年代后期以来，由于杂交水稻的兴起，种植结构的变化，中国早稻和晚稻的种植面积逐年减少，单季中稻的种植面积大幅增加。早、中、晚稻种植面积占全国稻作面积的比重，分别从1979年的33.7%、32.0%和34.3%，转变为1999年的24.2%、48.9%和26.9%，2014年进一步变化为19.1%、59.9%和21.0%（图1-3）。

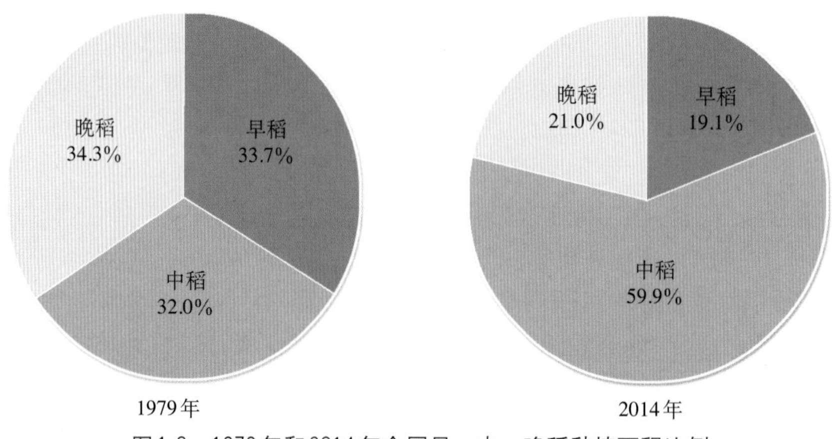

图1-3 1979年和2014年全国早、中、晚稻种植面积比例

四、水稻和陆稻

中国的栽培稻极大部分是水稻，占中国稻作面积的98%。陆稻（Upland rice）亦称旱稻，古代称棱稻，是适应较少水分环境（坡地、旱地）的一类稻作生态品种。陆稻的显著特点是耐干旱，表现为种子吸水力强，发芽快，幼苗对土壤中氯酸钾的耐毒力较强；根系发达，根粗而长；维管束和导管较粗，叶表皮较厚，气孔少，叶较光滑有蜡质；根细胞的渗透压和茎叶组织的汁液浓度也较高。与水稻比较，陆稻吸水力较强而蒸腾量较小，故有较强的耐旱能力。通常陆稻依靠雨水或地下水获得水分，稻田无田埂。虽然陆稻的生长发育对光、温要求与水稻相似，但一生需水量约是水稻的2/3或1/2。因而，陆稻适于水源不足或水源不均衡的稻区、多雨的山区和丘陵区的坡地或台田种植，还可与多种旱作物间作或套种。从目前的地理环境和种植水平看，陆稻的单产低于水稻。

陆稻也有籼稻、粳稻之别和生育期长短之分。全国陆稻面积约57万hm^2，仅占全国稻作总面积的2%左右，主要分布于云贵高原的西南山区、长江中游丘陵地区和华北平原区。云南西双版纳和思茅等地每年陆稻种植面积稳定在10万hm^2左右。近年，华北地区正在发展一种旱作稻（Aerobic rice），耐旱性较强，在整个生育期灌溉几次即可，产量较高。此外，广东、广西、海南等地的低洼地区，在20世纪50年代前曾有少量深水稻品种，中华人民共和国成立后，随着水利排灌设施的完善，现已绝迹。目前，种植面积较大的陆稻品种有中旱209、旱稻277、巴西陆稻、中旱3号、陆引46、丹旱稻1号、冀粳12、IRAT104等。

五、粘稻和糯稻

稻谷胚乳均有糯性与非糯性之分。糯稻和非糯稻的主要区别在于饭粒黏性的强弱，相对而言，粘稻（非糯稻）黏性弱，糯稻黏性强，其中粳糯稻的黏性大于籼糯稻。化学成分的分析指出，胚乳直链淀粉含量的多少是区别粘稻和糯稻的化学基础。通常，粳粘稻的直链淀粉含量占淀粉总量的8%～20%，籼粘稻为10%～30%，而糯稻胚乳基本为支链淀粉，不含或仅含极少量直链淀粉（≤2%）。从化学反应看，由于糯稻胚乳和花粉中的淀粉基本或完全为支链淀粉，因此吸碘量少，遇1%的碘-碘化钾溶液呈红褐色反应，而粘稻直链淀粉含量高，吸碘量大，呈蓝紫色反应，这是区分糯稻与非糯稻品种的主要方法之一。从外观看，糯稻胚乳在刚收获时因含水量较高而呈半透明，经充分干燥后呈乳白色，这是因为胚乳细胞快速失水，产生许多大小不一的空隙，导致光散射而引起的乳白色视觉。

云南、贵州、广西等省（自治区）的高海拔地区，人们喜食糯米，籼型糯稻品种丰富，而长江中下游地区以粳型糯稻品种居多，东北和华北地区则全部是粳型糯稻。从用途看，糯米通常用于酿制米酒，制作糕点。在云南的低海拔稻区，有一种低直链淀粉含量的籼粘稻，称为软米，其黏性介于籼粘稻和糯稻之间，适于制作饵块、米线。

第三节　水稻遗传资源

水稻育种的发展历程证明，品种改良每一阶段的重大突破均与水稻优异种质的发现和利用相关。20世纪50年代末，矮仔占、矮脚南特、台中本地1号（TN1，亦称台中在来1号）和广场矮等矮秆种质的发掘与利用，实现了60年代我国水稻品种的矮秆化；70 ～ 80年代野败型、矮败型、冈型、印水型、红莲型等不育资源的发现及二九南1号A、珍汕97A等水稻野败型不育系育成，实现了籼型杂交稻的“三系”配套和大面积推广利用；80年代农垦58S、安农S-1等光温敏核不育材料的发掘与利用，实现了“两系”杂交水稻的突破；90年代02428、培矮64、轮回422等广亲和种质的发掘与利用，基本克服了籼粳稻杂交的瓶颈；80 ～ 90年代沈农89366、沈农159、辽粳5号等新株型优异种质的创新与利用，实现了北方粳稻直立穗型与高产的结合，使北方粳稻产量有了较大的提高；90年代以来光温敏不育系培矮64S、Y58S、株1S以及中9A、甬粳2号A和恢复系9311、蜀恢527等的创新与利用，选育出一系列高产、优质的超级杂交稻品种。可见，水稻优异种质资源的收集、评价、创新和利用是水稻品种遗传改良的重要环节和基础。

一、栽培稻种质资源

中国具有丰富的多样化的水稻遗传资源。清代的《授时通考》（1742）记载了全国16省的3 429个水稻品种，它们是长期自然突变、人工选择和留种栽培的结果。中华人民共和国成立以来，全国进行了4次大规模的稻种资源考察和收集。20世纪50年代后期到60年代在广东、湖南、湖北、江苏、浙江、四川等14省（自治区、直辖市）进行了第一次全国性的水稻种质资源的考察，征集到各类水稻种质5.7万余份。70年代末至80年代初，进行了全国水稻种质资源的补充考察和征集，获得各类水稻种质万余份。国家“七五”（1986—1990）、“八五”（1991—1995）和“九五”（1996—2000）科技攻关期间，分别对神农架和三峡地区以及海南、湖北、四川、陕西、贵州、广西、云南、江西和广东等省（自治区）的部分地区再度进行了补充考察和收集，获得稻种3 500余份。“十五”（2001—2005）和“十一五”（2006—2010）期间，又收集到水稻种质6 996份。

通过对收集到的水稻种质进行整理、核对与编目，截至2010年，中国共编目水稻种质82 386份，其中70 669份是从中国国内收集的种质，占编目总数的85.8%（表1-1）。在此基础上，编辑和出版了《中国稻种资源目录》（8册）、《中国优异稻种资源》，编目内容包括基本信息、形态特征、生物学特性、品质特性、抗逆性、抗病虫性等。

截至2010年，在国家作物种质库［简称国家长期库（北京）］繁种保存的水稻种质资源共73 924份，其中各类型种质所占百分比大小顺序为：地方稻种（68.1%）＞国外引进稻种（13.9%）＞野生稻种（8.0%）＞选育稻种（7.8%）＞杂交稻“三系”资源（1.9%）＞遗传材料（0.3%）（表1-1）。在所保存的水稻地方品种中，保存数量较多的省份包括广西（8 537份）、云南（5 882份）、贵州（5 657份）、广东（5 512份）、湖南（4 789份）、四川（3 964份）、江西（2 974份）、江苏（2 801份）、浙江（2 079份）、福建（1 890份）、湖北（1 467份）和台湾（1 303份）。此外，在中国水稻研究所的国家水稻中期库（杭州）保存了稻属及近缘属种质资源7万余份，是我国单项作物保存规模最大的中期种质库，也是世界上最大的单项国家级水稻种质基因库之一。在入国家长期库（北京）的66 408份地方稻种、选育稻种、国外引进稻种等水稻种质中，籼稻和粳稻种质分别占63.3%和36.7%，水稻和陆稻种质分别占93.4%和6.6%，粘稻和糯稻种质分别占83.4%和16.6%。显然，籼稻、水稻和粘稻的种质数量分别显著多于粳稻、陆稻和糯稻。

表1-1　中国稻种资源的编目数和入库数

种质类型	编　目		繁殖入库	
	份数	占比（%）	份数	占比（%）
地方稻种	54 282	65.9	50 371	68.1
选育稻种	6 660	8.1	5 783	7.8
国外引进稻种	11 717	14.2	10 254	13.9
杂交稻“三系”资源	1 938	2.3	1 374	1.9
野生稻种	7 663	9.3	5 938	8.0
遗传材料	126	0.2	204	0.3
合计	82 386	100	73 924	100

截至2010年，完成了29 948份水稻种质资源的抗逆性鉴定，占入库种质的40.5%；完成了61 462份水稻种质资源的抗病虫性鉴定，占入库种质的83.1%；完成了34 652份水稻种质资源的品质特性鉴定，占入库种质的46.9%。种质评价表明：中国水稻种质资源中蕴藏着丰富的抗旱、耐盐、耐冷、抗白叶枯病、抗稻瘟病、抗纹枯病、抗褐飞虱、抗白背飞虱等优异种质（表1-2）。

表1-2　中国稻种资源中鉴定出的抗逆性和抗病虫性优异的种质份数

种质类型	抗旱		耐盐		耐冷		抗白叶枯病	
	极强	强	极强	强	极强	强	高抗	抗
地方稻种	132	493	17	40	142	—	12	165
国外引进稻种	3	152	22	11	7	30	3	39
选育稻种	2	65	2	11	—	50	6	67

（续）

种质类型	抗稻瘟病			抗纹枯病		抗褐飞虱			抗白背飞虱		
	免疫	高抗	抗	高抗	抗	免疫	高抗	抗	免疫	高抗	抗
地方稻种	—	816	1 380	0	11	—	111	324	—	122	329
国外引进稻种	—	5	148	5	14	—	0	218	—	1	127
选育稻种	—	63	145	3	7	—	24	205	—	13	32

注：数据来自2005年国家种质数据库。

2001—2010年，结合水稻优异种质资源的繁殖更新、精准鉴定与田间展示、网上公布等途径，国家粮食作物种质中期库［简称国家中期库（北京）］和国家水稻种质中期库（杭州）共向全国从事水稻育种、遗传及生理生化、基因定位、遗传多样性和水稻进化等研究的300余个科研及教学单位提供水稻种质资源47 849份次，其中国家中期库（北京）提供26 608份次，国家水稻种质中期库（杭州）提供21 241份次，平均每年提供4 785份次。稻种资源在全国范围的交换、评价和利用，大大促进了水稻育种及其相关基础理论研究的发展。

二、野生稻种质资源

野生稻是重要的水稻种质资源，在中国的水稻遗传改良中发挥了极其重要的作用。从海南岛普通野生稻中发现的细胞质雄性不育株，奠定了我国杂交水稻大面积推广应用的基础。从江西发现的矮败野生稻不育株中选育而成的协青早A和从海南发现的红芒野生稻不育株育成的红莲早A，是我国两个重要的不育系类型，先后转育了一大批杂交水稻品种。利用从广西普通野生稻中发现的高抗白叶枯病基因*Xa23*，转育成功了一系列高产、抗白叶枯病的栽培品种。从江西东乡野生稻中发现的耐冷材料，已经并继续在耐冷育种中发挥重要作用。

据1978—1982年全国野生稻资源普查、考察和收集的结果，参考1963年中国农业科学院原生态研究室的考察记录，以及历史上台湾发现野生稻的记载，现已明确，中国有3种野生稻：普通野生稻（*O. rufipogon* Griff.）、疣粒野生稻（*O. meyeriana* Baill.）和药用野生稻（*O. officinalis* Wall. ex Watt），分布于广东、海南、广西、云南、江西、福建、湖南、台湾等8个省（自治区）的143个县（市），其中广东53个县（市）、广西47个县（市）、云南19个县（市）、海南18个县（市）、湖南和台湾各2个县、江西和福建各1个县。

普通野生稻自然分布于广东、广西、海南、云南、江西、湖南、福建、台湾等8个省（自治区）的113个县（市），是我国野生稻分布最广、面积最大、资源最丰富的一种。普通野生稻大致可分为5个自然分布区：①海南岛区。该区气候炎热，雨量充沛，无霜期长，极有利于普通野生稻的生长与繁衍。海南省18个县（市）中就有14个县（市）分布有普通野生稻，而且密度较大。②两广大陆区。包括广东、广西和湖南的江永县及福建的漳浦县，为普通野生稻的主要分布区，主要集中分布于珠江水系的西江、北江和东江流域，特别是北回归线以南及广东、广西沿海地区分布最多。③云南区。据考察，在西双版纳傣族自治州的景洪镇、勐罕坝、大勐龙坝等地共发现26个分布点，后又在景洪和元江发现2个普通野生稻分布点，这两个县普通野生稻呈零星分布，覆盖面积小。历年发现的分布点都集中在流沙河和澜沧江流域，这两条河向南流入东南亚，注入南海。④湘赣区。包括湖南茶陵县及江西东乡县的普通野生稻。东乡县的普通野生稻分布于北纬28°14′，是目前中国乃至全球普通野生稻分布的最北限。⑤台湾区。20世纪50年代在桃园 、新竹两县发现过普通野生稻，但目前已消失。

药用野生稻分布于广东、海南、广西、云南4省（自治区）的38个县（市），可分为3个自然分布区：①海南岛区。主要分布在黎母山一带，集中分布在三亚市及陵水、保亭、乐东、白沙、屯昌5县。②两广大陆区。为主要分布区，共包括27个县（市），集中于桂东中南部，包括梧州、苍梧、岑溪、玉林、容县、贵港、武宣、横县、邕宁、灵山等县（市），以及广东省的封开、郁南、德庆、罗定、英德等县（市）。③云南区。主要分布于临沧地区的耿马、永德县及普洱市。

疣粒野生稻主要分布于海南、云南与台湾三省（台湾的疣粒野生稻于1978年消失）的27个县（市），海南省仅分布于中南部的9个县（市），尖峰岭至雅加大山、鹦哥岭至黎母山、大本山至五指山、吊罗山至七指岭的许多分支山脉均有分布，常常生长在背北向南的山坡上。云南省有18个县（市）存在疣粒野生稻，集中分布于哀牢山脉以西的滇西南，东至绿春、元江，而以澜沧江、怒江、红河、李仙江、南汀河等河流下游地区为主要分布区。台湾在历史上曾发现新竹县有疣粒野生稻分布，目前情况不明。

自2002年开始，中国农业科学院作物科学研究所组织江西、湖南、云南、海南、福建、广东和广西等省（自治区）的相关单位对我国野生稻资源状况进行再次全面调查和收集，至2013年底，已完成除广东省以外的所有已记载野生稻分布点的调查和部分生态环境相似地区的调查。调查结果表明，与1980年相比，江西、湖南、福建的野生稻分布点没有变化，但分布面积有所减少；海南发现现存的野生稻居群总数达154个，其中普通野生稻136个，疣粒野生稻11个，药用野生稻7个；广西原有的1 342个分布点中还有325个存在野生稻，且新发现野生稻分布点29个，其中普通野生稻13个，药用野生稻16个；云南在调查的98个野生稻分布点中，26个普通野生稻分布点仅剩1个，11个药用野生稻分布点仅剩2个，61个疣粒野生稻分布点还剩25个。除了已记载的分布点，还发现了1个普通野生稻和10个疣粒野生稻新分布点。值得注意的是，从目前对现存野生稻的调查情况看，与1980年相比，我国70%以上的普通野生稻分布点、50%以上的药用野生稻分布点和30%疣粒野生稻分布点已经消失，濒危状况十分严重。

2010年，国家长期库（北京）保存野生稻种质资源5 896份，其中国内普通野生稻种质资源4 602份，药用野生稻880份，疣粒野生稻29份，国外野生稻385份；进入国家中期库（北京）保存的野生稻种质资源3 200份。考虑到种茎保存能较好地保持野生稻原有的种性，为了保持野生稻的遗传稳定性，现已在广东省农业科学院水稻研究所（广州）和广西农业科学院作物品种资源研究所（南宁）建立了2个国家野生稻种质资源圃，收集野生稻种茎入圃保存，至2013年已入圃保存的野生稻种茎10 747份，其中广州圃保存5 037份，南宁圃保存5 710份。此外，新收集的12 800份野生稻种质资源尚未入编国家长期库（北京）或国家野生稻种质圃长期保存，临时保存于各省（自治区）临时圃或大田中。

近年来，对中国收集保存的野生稻种质资源开展了较为系统的抗病虫鉴定，至2013年底，共鉴定出抗白叶枯病种质资源130多份，抗稻瘟病种质资源200余份，抗纹枯病种质资源10份，抗褐飞虱种质资源200多份，抗白背飞虱种质资源180多份。但受试验条件限制，目前野生稻种质资源抗旱、耐寒、抗盐碱等的鉴定较少。

第四节　栽培稻品种的遗传改良

中华人民共和国成立以来，水稻品种的遗传改良获得了巨大成就，纯系选择育种、杂交育种、诱变育种、杂种优势利用、组织培养（花粉、花药、细胞）育种、分子标记辅助育种等先后成为卓有成效的育种方法。65年来，全国共育成并通过国家、省（自治区、直辖市）、地区（市）农作物品种审定委员会审定（认定）的常规和杂交水稻品种共8 117份，其中1991—2014年，每年种植面积大于6 667hm^{2}的品种已从1991年的255个增加到2014年的869个（图1-4）。20世纪50年代后期至70年代的矮化育种、70 ～ 90年代的杂交水稻育种，以及近20年的超级稻育种，在我国乃至世界水稻育种史上具有里程碑意义。

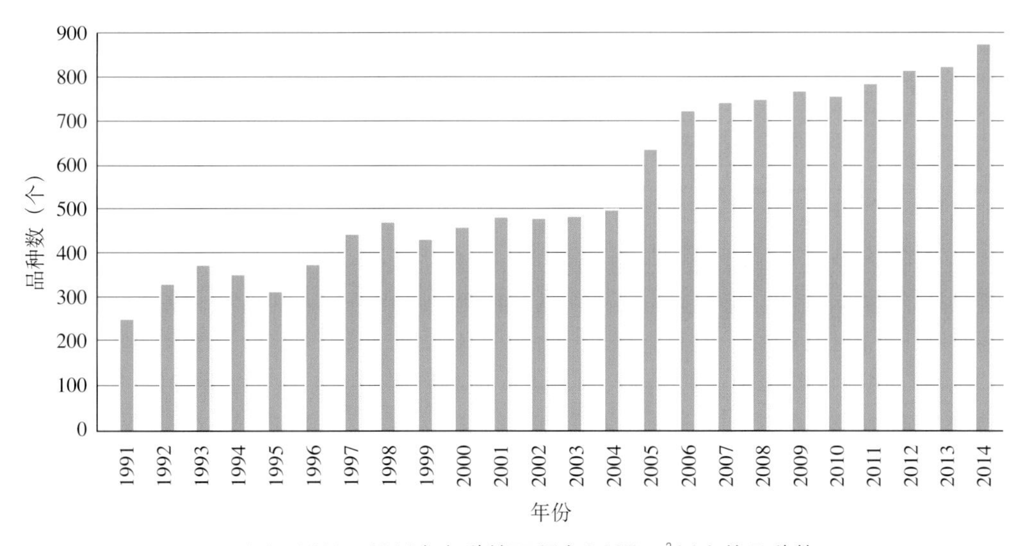

图1-4　1991—2014年年种植面积在6 667hm^{2}以上的品种数

一、常规品种的遗传改良

（一）地方农家品种改良（20世纪50年代）

20世纪50年代初期，全国以种植数以万计的高秆农家品种为主，以高秆（>150cm）、易倒伏为品种主要特征，主要品种有夏至白、马房籼、红脚早、湖北早、黑谷子、竹桠谷、油占子、西瓜红、老来青、霜降青、有芒早粳等。50年代中期，主要采用系统选择法对地方农家品种的某些农艺性状进行改良以提高防倒伏能力，增加产量，育成了一批改良农家品种。在全国范围内，早籼确定38个、中籼确定20个、晚粳确定41个改良农家品种予以大面积推广，连续多年种植面积较大的品种有早籼：南特号、雷火占；中籼：胜利籼、乌嘴川、长粒籼、万利籼；晚籼：红米冬占、浙场9号、粤油占、黄禾子；早粳：有芒早粳；中粳：桂花球、洋早十日、石稻；晚粳：新太湖青、猪毛簇、红须粳、四上裕等。与此同时，通过简单杂交和系统选育，育成了一批高秆改良品种。改良农家品种和新育成的高秆改良品种的产量一般为2 500 ～ 3 000kg/hm^2，比地方高秆农家品种的产量高5%～ 15%。

（二）矮化育种（20世纪50年代后期至70年代）

20世纪50年代后期，育种家先后发现籼稻品种矮仔占、矮脚南特和低脚乌尖，以及粳稻品种农垦58等，具有优良的矮秆特性：秆矮（<100cm），分蘖强，耐肥，抗倒伏，产量高。研究发现，这4个品种都具有半矮秆基因*Sd1*。矮仔占来自南洋，20世纪前期引入广西，是我国20世纪50年代后期至60年代前期种植的最主要的矮秆品种之一，也是60 ～ 90年代矮化育种最重要的矮源亲本之一。矮脚南特是广东农民由高秆品种南特16的矮秆变异株选得。低脚乌尖是我国台湾省的农家品种，是国内外矮化育种最重要的矮源亲本之一。农垦58则是50年代后期从日本引进的粳稻品种。

可利用的*Sd1*矮源发现后，立即开始了大规模的水稻矮化育种。如华南农业科学研究所从矮仔占中选育出矮仔占4号，随后以矮仔占4号与高秆品种广场13杂交育成矮秆品种广场矮。台湾台中农业改良场用矮秆的低脚乌尖与高秆地方品种菜园种杂交育成矮秆的台中本地1号（TN1）。南特号是双季早籼品种极其重要的育种亲源，以南特号为基础，衍生了大量品种，包括矮脚南特（南特号→南特16→矮脚南特）、广场13、莲塘早和陆财号等4个重要骨干品种。农垦58则迅速成为长江中下游地区中粳、晚粳稻的育种骨干亲本。广场矮、矮脚南特、台中本地1号和农垦58这4个具有划时代意义的矮秆品种的育成、引进和推广，标志中国步入了大规模的卓有成效的籼、粳稻矮化育种，成为水稻矮化育种的里程碑。

从20世纪60年代初期开始，全国主要稻区的农家地方品种均被新育成的矮秆、半矮秆品种所替代。这些品种以矮秆（80 ～ 85cm）、半矮秆（86 ～ 105cm）、强分蘖、耐肥、抗倒伏为基本特征，产量比当地主要高秆农家品种提高15%～ 30%。著名的籼稻矮秆品种有矮脚南特、珍珠矮、珍珠矮11、广场矮、广场13、莲塘早、陆财号等；著名的粳稻矮秆品种有农垦58、农垦57（从日本引进）、桂花黄（Balilla，从意大利引进）。60年代后期至70年代中期，年种植面积曾经超过30万hm^{2}的籼稻品种有广陆矮4号、广选3号、二九青、广二104、原丰早、湘矮早9号、先锋1号、矮南早1号、圭陆矮8号、桂朝2号、桂朝13、南京1号、窄叶青8号、红410、成都矮8号、泸双1011、包选2号、包胎矮、团结1号、广二选二、广秋矮、二白矮1号、竹系26、青二矮等；年种植面积超过20万hm^{2}的粳稻矮秆品种有农垦58、农垦57、农虎6号、吉粳60、武农早、沪选19、嘉湖4号、桂花糯、双糯4号等。

（三）优质多抗育种（20世纪80年代中期至90年代）

1978—1984年，由于杂交水稻的兴起和农村种植结构的变化，常规水稻的种植面积大大压缩，特别是常规早稻面积逐年减少，部分常规双季稻被杂交中籼稻和杂交晚籼稻取代。因此，常规品种的选育多以提高稻米产量和品质为主，主要的籼稻品种有广陆矮4号、二九青、先锋1号、原丰早、湘矮早9号、湘早籼13、红410、二九丰、浙733、浙辐802、湘早籼7号、嘉育948、舟903、广二104、桂朝2号、珍珠矮11、包选2号、国际稻8号（IR8）、南京11、754、团结1号、二白矮1号、窄叶青8号、粳籼89、湘晚籼11、双桂1号、桂朝13、七桂早25、鄂早6号、73-07、青秆黄、包选2号、754、汕二59、三二矮等；主要的粳稻品种有秋光、合江19、桂花黄、鄂晚5号、农虎6号、嘉湖4号、鄂宜105、秀水04、武育粳2号、秀水48、秀水11等。

自矮化育种以来，由于密植程度增加，病虫害逐渐加重。因此，90年代常规品种的选育重点在提高产量的同时，还须兼顾提高病虫抗性和改良品质，提高对非生物压力的耐性，因而育成的品种多数遗传背景较为复杂。突出的籼稻品种有早籼31、鄂早18、粤晶丝苗2号、嘉育948、籼小占、粤香占、特籼占25、中鉴100、赣晚籼30、湘晚籼13等；重要的粳稻品种有空育131、辽粳294、龙粳14、龙粳20、吉粳88、垦稻12、松粳6号、宁粳16、垦稻8号、合江19、武育粳3号、武育粳5号、早丰9号、武运粳7号、秀水63、秀水110、秀水128、嘉花1号、甬粳18、豫粳6号、徐稻3号、徐稻4号、武香粳14等。

1978—2014年，最大年种植面积超过40万hm^2的常规稻品种共23个，这些都是高产品种，产量高，适应性广，抗病虫力强（表1-3）。

表1-3　1978—2014年最大年种植面积超过40万hm^2的常规水稻品种

品种名称	品种类型	亲本/血缘	最大年种植面积（万hm^2）	累计种植面积（万hm^2）
广陆矮4号	早籼	广场矮3784/陆财号	495.3（1978）	1 879.2（1978—1992）
二九青	早籼	二九矮7号/青小金早	96.9（1978）	542.0（1978—1995）
先锋1号	早籼	广场矮6号/陆财号	97.1（1978）	492.5（1978—1990）
原丰早	早籼	IR8种子^{60}Co辐照	105.0（1980）	436.7（1980—1990）
湘矮早9号	早籼	IR8/湘矮早4号	121.3（1980）	431.8（1980—1989）
余赤231-8	晚籼	余晚6号/赤块矮3号	41.1（1982）	277.7（1981—1999）
桂朝13	早籼	桂阳矮49/朝阳早18，桂朝2号的姐妹系	68.1（1983）	241.8（1983—1990）
红410	早籼	珍龙410系选	55.7（1983）	209.3（1982—1990）
双桂1号	早籼	桂阳矮C17/桂朝2号	81.2（1985）	277.5（1982—1989）
二九丰	早籼	IR29/原丰早	66.5（1987）	256.5（1985—1994）
73-07	早籼	红梅早/7055	47.5（1988）	157.7（1985—1994）
浙辐802	早籼	四梅2号种子辐照	130.1（1990）	973.1（1983—2004）
中嘉早17	早籼	中选181/育嘉253	61.1（2014）	171.4（2010—2014）
珍珠矮11	中籼	矮仔占4号/惠阳珍珠早	204.9（1978）	568.2（1978—1996）
包选2号	中籼	包胎白系选	72.3（1979）	371.7（1979—1993）
桂朝2号	中籼	桂阳矮49/朝阳早18	208.8（1982）	721.2（1982—1995）
二白矮1号	晚籼	秋二矮/秋白矮	68.1（1979）	89.0（1979—1982）
龙粳25	早粳	佳禾早占/龙花97058	41.1（2011）	119.7（2010—2014）
空育131	早粳	道黄金/北明	86.7（2004）	938.5（1997—2014）
龙粳31	早粳	龙花96-1513/垦稻8号的F_1花药培养	112.8（2013）	256.9（2011—2014）
武育粳3号	中粳	中丹1号/79-51//中丹1号/扬粳1号	52.7（1997）	560.7（1992—2012）
秀水04	晚粳	C21///辐农709//辐农709/单209	41.4（1988）	166.9（1985—1993）
武运粳7号	晚粳	嘉40/香糯9121//丙815	61.4（1999）	332.3（1998—2014）

二、杂交水稻的兴起和遗传改良

20世纪70年代初，袁隆平等在海南三亚发现了含有胞质雄性不育基因*cms*的普通野生稻，这一发现对水稻杂种优势利用具有里程碑的意义。通过全国协作攻关，1973年实现不育系、保持系、恢复系三系配套，1976年中国开始大面积推广“三系”杂交水稻。1980年全国杂交水稻种植面积479万hm^2，1990年达到1 665万hm^2。70年代初期，中国最重要的不育系二九南1号A和珍汕97A,是来自携带*cms*基因的海南普通野生稻与中国矮秆品种二九南1号和珍汕97的连续回交后代；最重要的恢复系来自国际水稻研究所的IR24、IR661和IR26，它们配组的南优2号、南优3号和汕优6号成为20世纪70年代后期到80年代初期最重要的籼型杂交水稻品种。南优2号最大年（1978）种植面积298万hm^2，1976—1986年累计种植面积666.7万hm^2；汕优6号最大年（1984）种植面积173.9万hm^2，1981—1994年累计种植面积超过1 000万hm^2。

1973年10月，石明松在晚粳农垦58田间发现光敏雄性不育株，经过10多年的选育研究，1987年光敏核不育系农垦58S选育成功并正式命名，两系杂交水稻正式进入攻关阶段，两系杂交水稻优良品种两优培九通过江苏省（1999）和国家（2001）农作物品种审定委员会审定并大面积推广，2002年该品种年种植面积达到82.5万hm^2。

20世纪80 ~ 90年代，针对第一代中国杂交水稻稻瘟病抗性差的突出问题，开展抗稻瘟病育种，育成明恢63、测64、桂33等抗稻瘟病性较强的恢复系，形成第二代杂交水稻汕优63、汕优64、汕优桂33等一批新品种，从而中国杂交水稻又蓬勃发展，80年代湖北出现6 666.67hm^2汕优63产量超9 000kg/hm^2的记录。著名的杂交水稻品种包括：汕优46、汕优63、汕优64、汕优桂99、威优6号、威优64、协优46、D优63、冈优22、Ⅱ优501、金优207、四优6号、博优64、秀优57等。中国三系杂交水稻最重要的强恢复系为IR24、IR26、明恢63、密阳46（Miyang 46）、桂99、CDR22、辐恢838、扬稻6号等。

1978—2014年，最大年种植面积超过40万hm^2的杂交稻品种共32个，这些杂交稻品种产量高，抗病虫力强，适应性广，种植年限长，制种产量也高（表1-4）。

表1-4　1978—2014年最大年种植面积超过40万hm^2的杂交稻品种

杂交稻品种	类型	配组亲本	恢复系中的国外亲本	最大年种植面积（万hm^2）	累计种植面积（万hm^2）
南优2号	三系，籼	二九南1号A/IR24	IR24	298.0（1978）	＞666.7（1976—1986）
威优2号	三系，籼	V20A/IR24	IR24	74.7（1981）	203.8（1981—1992）
汕优2号	三系，籼	珍汕97A/IR24	IR24	278.3（1984）	1 264.8（1981—1988）
汕优6号	三系，籼	珍汕97A/IR26	IR26	173.9（1984）	999.9（1981—1994）
威优6号	三系，籼	V20A/IR26	IR26	155.3（1986）	821.7（1981—1992）
汕优桂34	三系，籼	珍汕97A/桂34	IR24、IR30	44.5（1988）	155.6（1986—1993）
威优49	三系，籼	V20A/测64-49	IR9761-19	45.4（1988）	163.8（1986—1995）
D优63	三系，籼	D汕A/明恢63	IR30	111.4（1990）	637.2（1986—2001）

（续）

杂交稻品种	类型	配组亲本	恢复系中的国外亲本	最大年种植面积（万 hm^2）	累计种植面积（万 hm^2）
博优64	三系，籼	博A/测64-7	IR9761-19-1	67.1（1990）	334.7（1989—2002）
汕优63	三系，籼	珍汕97A/明恢63	IR30	681.3（1990）	6 288.7（1983—2009）
汕优64	三系，籼	珍汕97A/测64-7	IR9761-19-1	190.5（1990）	1 271.5（1984—2006）
威优64	三系，籼	V20A/测64-7	IR9761-19-1	135.1（1990）	1 175.1（1984—2006）
汕优桂33	三系，籼	珍汕97A/桂33	IR24、IR36	76.7（1990）	466.9（1984—2001）
汕优桂99	三系，籼	珍汕97A/桂99	IR661、IR2061	57.5（1992）	384.0（1990—2008）
冈优12	三系，籼	冈46A/明恢63	IR30	54.4（1994）	187.7（1993—2008）
威优46	三系，籼	V20A/密阳46	密阳46	51.7（1995）	411.4（1990—2008）
汕优46*	三系，籼	珍汕97A/密阳46	密阳46	45.5（1996）	340.3（1991—2007）
汕优多系1号	三系，籼	珍汕97A/多系1号	IR30、Tetep	68.7（1996）	301.7（1995—2004）
汕优77	三系，籼	珍汕97A/明恢77	IR30	43.1（1997）	256.1（1992—2007）
特优63	三系，籼	龙特甫A/明恢63	IR30	43.1（1997）	439.3（1984—2009）
冈优22	三系，籼	冈46A/CDR22	IR30、IR50	161.3（1998）	922.7（1994—2011）
协优63	三系，籼	协青早A/明恢63	IR30	43.2（1998）	362.8（1989—2008）
Ⅱ优501	三系，籼	Ⅱ-32A/明恢501	泰引1号、IR26、IR30	63.5（1999）	244.9（1995—2007）
Ⅱ优838	三系，籼	Ⅱ-32A/辐恢838	泰引1号、IR30	79.1（2000）	663.0（1995—2014）
金优桂99	三系，籼	金23A/桂99	IR661、IR2061	40.4（2001）	236.2（1994—2009）
冈优527	三系，籼	冈46A/蜀恢527	古154、IR24、IR1544-28-2-3	44.6（2002）	246.4（1999—2013）
冈优725	三系，籼	冈46A/绵恢725	泰引1号、IR30、IR26	64.2（2002）	469.4（1998—2014）
金优207	三系，籼	金23A/先恢207	IR56、IR9761-19-1	71.9（2004）	508.7（2000—2014）
金优402	三系，籼	金23A/R402	古154、IR24、IR30、IR1544-28-2-3	53.5（2006）	428.6（1996—2014）
培两优288	两系，籼	培矮64S/288	IR30、IR36、IR2588	39.9（2001）	101.4（1996—2006）
两优培九	两系，籼	培矮64S/扬稻6号	IR30、IR36、IR2588、BG90-2	82.5（2002）	634.9（1999—2014）
丰两优1号	两系，籼	广占63S/扬稻6号	IR30、R36、IR2588、BG90-2	40.0（2006）	270.1（2002—2014）

* 汕优10号与汕优46的父、母本和育种方法相同，前期称为汕优10号，后期统称汕优46。

三、超级稻育种

国际水稻研究所从1989年起开始实施理想株型（Ideal plant type，俗称超级稻）育种计划，试图利用热带粳稻新种质和理想株型作为突破口，通过杂交和系统选育及分子育种方法育成新株型品种［New plant type（NPT），超级稻］供南亚和东南亚稻区应用，设计产量希望比当地品种增产20%～30%。但由于产量、抗病虫力和稻米品质不理想等原因，迄今还无突出的品种在亚洲各国大面积应用。

为实现在矮化育种和杂交育种基础上的产量再次突破，农业部于1996年启动中国超级稻研究项目，要求育成高产、优质、多抗的常规和杂交水稻新品种。广义要求，超级稻的主要性状如产量、米质、抗性等均应显著超过现有主栽品种的水平；狭义要求，应育成在抗性和米质与对照品种相仿的基础上，产量有大幅度提高的新品种。在育种技术路线上，超级稻品种采用理想株型塑造与杂种优势利用相结合的途径，核心是种质资源的有效利用或有利多基因的聚合，育成单产大幅提高、品质优良、抗性较强的新型水稻品种(表1-5)。

表1-5　超级稻品种的主要指标

项　目	长江流域早熟早稻	长江流域中迟熟早稻	长江流域中熟晚稻、华南感光性晚稻	华南早晚兼用稻、长江流域迟熟晚稻、东北早熟粳稻	长江流域一季稻、东北中熟粳稻	长江上游迟熟一季稻、东北迟熟粳稻
生育期（d）	≤105	≤115	≤125	≤132	≤158	≤170
产量（kg/hm^2）	≥8 250	≥9 000	≥9 900	≥10 800	≥11 700	≥12 750
品　质	北方粳稻达到部颁二级米以上（含）标准，南方晚籼稻达到部颁三级米以上（含）标准，南方早籼稻和一季稻达到部颁四级米以上（含）标准					
抗　性	抗当地1～2种主要病虫害					
生产应用面积	品种审定后2年内生产应用面积达到每年3 125hm^2以上					

近年有的育种家提出“绿色超级稻”或“广义超级稻”的概念，其基本思路是将品种资源研究、基因组研究和分子技术育种紧密结合，加强水稻重要性状的生物学基础研究和基因发掘，全面提高水稻的综合性状，培育出抗病、抗虫、抗逆、营养高效、高产、优质的新品种。2000年超级杂交稻第一期攻关目标大面积如期实现产量10.5t/hm^2，2004年第二期攻关目标大面积实现产量12.0t/hm^2。

2006年，农业部进一步启动推进超级稻发展的“6236工程”，要求用6年的时间，培育并形成20个超级稻主导品种，年推广面积占全国水稻总面积的30%，即900万hm^2，单产比目前主栽品种平均增产900kg/hm^2，以全面带动我国水稻的生产水平。2011年，湖南隆回县种植的超级杂交水稻品种Y两优2号在7.5hm^2的面积上平均产量13 899kg/hm^2；2011年宁波农业科学院选育的籼粳型超级杂交晚稻品种甬优12单产14 147kg/hm^2；2013年，湖南隆回县种植的超级杂交水稻Y两优900获得14 821kg/hm^2的产量，宣告超级杂交水稻第三期攻关目标大面积产量13.5t/hm^2的实现。据报道，2015年云南个旧市的“超级杂交水稻示范基地”百亩连片水稻攻关田，种植的超级稻品种超优千号，百亩片平均单产16 010kg/hm^2；2016年山东临沂市莒南县大店镇的百亩片攻关基地种植的超级杂交稻超优千号，实测单产15 200kg/hm^2，创造了杂交水稻高纬度单产的世界纪录，表明已稳定实现了超级杂交水稻第四期大面积产量潜力达到15t/hm^2的攻关目标。

截至2014年，农业部确认了111个超级稻品种，分别是：

常规超级籼稻7个：中早39、中早35、金农丝苗、中嘉早17、合美占、玉香油占、桂农占。

常规超级粳稻28个：武运粳27、南粳44、南粳45、南粳49、南粳5055、淮稻9号、长白25、莲稻1号、龙粳39、龙粳31、松粳15、镇稻11、扬粳4227、宁粳4号、楚粳28、连粳7号、沈农265、沈农9816、武运粳24、扬粳4038、宁粳3号、龙粳21、千重浪、辽星1号、楚粳27、松粳9号、吉粳83、吉粳88。

籼型三系超级杂交稻46个：F优498、荣优225、内5优8015、盛泰优722、五丰优615、天优3618、天优华占、中9优8012、H优518、金优785、德香4103、Q优8号、宜优673、深优9516、03优66、特优582、五优308、五丰优T025、天优3301、珞优8号、荣优3号、金优458、国稻6号、赣鑫688、Ⅱ优航2号、天优122、一丰8号、金优527、D优202、Q优6号、国稻1号、国稻3号、中浙优1号、丰优299、金优299、Ⅱ优明86、Ⅱ优航1号、特优航1号、D优527、协优527、Ⅱ优162、Ⅱ优7号、Ⅱ优602、天优998、Ⅱ优084、Ⅱ优7954。

粳型三系超级杂交稻1个：辽优1052。

籼型两系超级杂交稻26个：两优616、两优6号、广两优272、C两优华占、两优038、Y两优5867、Y两优2号、Y两优087、准两优608、深两优5814、广两优香66、陵两优268、徽两优6号、桂两优2号、扬两优6号、陆两优819、丰两优香1号、新两优6380、丰两优4号、Y优1号、株两优819、两优287、培杂泰丰、新两优6号、两优培九、准两优527。

籼粳交超级杂交稻3个：甬优15、甬优12、甬优6号。

超级杂交水稻育种正在继续推进，面临的挑战还有很多。从遗传角度看，目前真正能用于超级稻育种的有利基因及连锁分子标记还不多，水稻基因研究成果还不足以全面支撑超级稻分子育种，目前的超级稻育种仍以常规杂交技术和资源的综合利用为主。因此，需要进一步发掘高产、优质、抗病虫、抗逆基因，改进育种方法，将常规育种技术与分子育种技术相结合起来，培育出广适性的可大幅度减少农用化学品（无机肥料、杀虫剂、杀菌剂、除草剂）而又高产优质的超级稻品种。

第五节　核心育种骨干亲本

分析65年来我国育成并通过国家或省级农作物品种审定委员会审（认）定的8 117份水稻、陆稻和杂交水稻现代品种，追溯这些品种的亲源，可以发现一批极其重要的核心育种骨干亲本，它们对水稻品种的遗传改良贡献巨大。但是由于种质资源的不断创新与交流，尤其是育种材料的交流和国外种质的引进，育种技术的多样化，有的品种含有多个亲本的血缘，使得现代育成品种的亲缘关系十分复杂。特别是有些品种的亲缘关系没有文字记录，或者仅以代号留存，难以查考。另外，籼、粳稻品种的杂交和选择，出现了大量含有籼、粳血缘的中间品种，难以绝对划分它们的籼、粳类别。毫无疑问，品种遗传背景的多样性对于克服品种遗传脆弱性，保障粮食生产安全性极为重要。

考虑到这些相互交错的情况，本节品种的亲源一般按不同亲本在品种中所占的重要性和比率确定，可能会出现前后交叉和上下代均含数个重要骨干亲本的情况。

一、常规籼稻

据不完全统计，我国常规籼稻最重要的核心育种骨干亲本有22个，衍生的大面积种植（年种植面积>6 667hm²）的品种数超过2 700个（表1-6）。其中，全国种植面积较大的常规籼稻品种是：浙辐802、桂朝2号、双桂1号、广陆矮4号、湘早籼45、中嘉早17等。

表1-6 籼稻核心育种骨干亲本及其主要衍生品种

品种名称	类型	衍生的品种数	主要衍生品种
矮仔占	早籼	>402	矮仔占4号、珍珠矮、浙辐802、广陆矮4号、桂朝2号、广场矮、二九青、特青、嘉育948、红410、泸红早1号、双桂36、湘早籼7号、广二104、珍汕97、七桂早25、特籼占13
南特号	早籼	>323	矮脚南特、广场13、莲塘早、陆财号、广场矮、广选3号、矮南早1号、广陆矮4号、先锋1号、青小金早、湘早籼3号、湘矮早3号、湘矮早7号、嘉育293、赣早籼26
珍汕97	早籼	>267	珍竹19、庆元2号、闽科早、珍汕97A、Ⅱ-32A、D汕A、博A、中A、29A、天丰A、枝A不育系及汕优63等大量杂交稻品种
矮脚南特	早籼	>184	矮南早1号、湘矮早7号、青小金早、广选3号、温选青
珍珠矮	早籼	>150	珍龙13、珍汕97、红梅早、红410、红突31、珍珠矮6号、珍珠矮11、7055、6044、赣早籼9号
湘早籼3号	早籼	>66	嘉育948、嘉育293、湘早籼10号、湘早籼13、湘早籼7号、中优早81、中86-44、赣早籼26
广场13	早籼	>59	湘早籼3号、中优早81、中86-44、嘉育293、嘉育948、早籼31、嘉兴香米、赣早籼26
红410	早籼	>43	红突31、8004、京红1号、赣早籼9号、湘早籼5号、舟优903、中优早3号、泸红早1号、辐8-1、佳禾早占、鄂早16、余红1号、湘晚籼9号、湘晚籼14
嘉育293	早籼	>25	嘉育948、中98-15、嘉兴香米、嘉早43、越糯2号、嘉育143、嘉早41、嘉早935、中嘉早17
浙辐802	早籼	>21	香早籼11、中516、浙9248、中组3号、皖稻45、鄂早10号、赣早籼50、金早47、赣早籼56、浙852、中选181
低脚乌尖	中籼	>251	台中本地1号（TN1）、IR8、IR24、IR26、IR29、IR30、IR36、IR661、原丰早、洞庭晚籼、二九丰、滇瑞306、中选8号
广场矮	中籼	>151	桂朝2号、双桂36、二九矮、广场矮5号、广场矮3784、湘矮早3号、先锋1号、泸南早1号
IR8	中籼	>120	IR24、IR26、原丰早、滇瑞306、洞庭晚籼、滇陇201、成矮597、科六早、滇屯502、滇瑞408
IR36	中籼	>108	赣早籼15、赣早籼37、赣早籼39、湘早籼3号
IR24	中籼	>79	四梅2号、浙辐802、浙852、中156，以及一批杂交稻恢复系和杂交稻品种南优2号、汕优2号
胜利籼	中籼	>76	广场13、南京1号、南京11、泸胜2号、广场矮系列品种
台中本地1号（TN1）	中籼	>38	IR8、IR26、IR30、BG90-2、原丰早、湘晚籼1号、滇瑞412、扬稻1号、扬稻3号、金陵57

（续）

品种名称	类型	衍生的品种数	主要衍生品种
特青	中晚籼	>107	特籼占13、特籼占25、盐稻5号、特三矮2号、鄂中4号、胜优2号、丰青矮、黄华占、茉莉新占、丰矮占1号、丰澳占，以及一批杂交稻恢复系镇恢084、蓉恢906、浙恢9516、广恢998
秋播了	晚籼	>60	516、澄秋5号、秋长3号、东秋播、白花
桂朝2号	中晚籼	>43	豫籼3号、镇籼96、扬稻5号、湘晚籼8号、七山占、七桂早25、双朝25、双桂36、早桂1号、陆青早1号、湘晚籼32
中山1号	晚籼	>30	包胎红、包胎白、包选2号、包胎矮、大灵矮、钢枝占
粳籼89	晚籼	>13	赣晚籼29、特籼占13、特籼占25、粤野软占、野黄占、粤野占26

矮仔占源自早期的南洋引进品种，后成为广西容县一带农家地方品种，携带*sd1*矮秆基因，全生育期约140d，株高82cm左右，节密，耐肥，有效穗多，千粒重26g左右，单产4 500 ～ 6 000kg/hm^2，比一般高秆品种增产20%～ 30%。1955年，华南农业科学研究所发现并引进矮仔占，经系选，于1956年育成矮仔占4号。采用矮仔占4号/广场13，1959年育成矮秆品种广场矮；采用矮仔占4号/惠阳珍珠早，1959年育成矮秆品种珍珠矮。广场矮和珍珠矮是矮仔占最重要的衍生品种，这2个品种不但推广面积大，而且衍生品种多，随后成为水稻矮化育种的重要骨干亲本，广场矮至少衍生了151个品种，珍珠矮至少衍生了150个品种。因此，矮仔占是我国20世纪50年代后期至60年代最重要的矮秆推广品种，也是60 ～ 80年代矮化育种最重要的矮源。至今，矮仔占至少衍生了402个品种，其中种植面积较大的衍生品种有广场矮、珍珠矮、广陆矮4号、二九青、先锋1号、特青、桂朝2号、双桂1号、湘早籼7号、嘉育948等。

南特号是20世纪40年代从江西农家品种鄱阳早的变异株中选得，50年代在我国南方稻区广泛作早稻种植。该品种株高100 ～ 130cm，根系发达，适应性广，全生育期105 ～ 115d，较耐肥，每穗约80粒，千粒重26 ～ 28g，单产3 750 ～ 4 500kg/hm^2，比一般高秆品种增产13%～ 34%。南特号1956年种植面积达333.3万hm^2，1958—1962年，年种植面积达到400万hm^{2}以上。南特号直接系选衍生出南特16、江南1224和陆财号。1956年，广东潮阳县农民从南特号发现矮秆变异株，经系选育成矮脚南特，具有早熟、秆矮、高产等优点，可比高秆品种增产20%～ 30%。经分析，矮脚南特也含有矮秆基因*sd1*，随后被迅速大面积推广并广泛用作矮化育种亲本。南特号是双季早籼品种极其重要的育种亲源，至少衍生了323个品种，其中种植面积较大的衍生品种有广场矮、广场13、矮南早1号、莲塘早、陆财号、广陆矮4号、先锋1号、青小金早、湘矮早2号、湘矮早7号、红410等。

低脚乌尖是我国台湾省的农家品种，携带*sd1*矮秆基因，20世纪50年代后期因用低脚乌尖为亲本（低脚乌尖/菜园种）在台湾育成台中本地1号（TN1）。国际水稻研究所利用Peta/低脚乌尖育成著名的IR8品种并向东南亚各国推广，引发了亚洲水稻的绿色革命。祖国大陆育种家利用含有低脚乌尖血缘的台中本地1号、IR8、IR24和IR30作为杂交亲本，至少衍生了251个常规水稻品种，其中IR8（又称科六或691）衍生了120个品种，台中本地1号衍生了38个品种。利用IR8和台中本地1号而衍生的、种植面积较大的品种有原丰早、科梅、双科1号、湘矮早9号、二九丰、扬稻2号、泸红早1号等。利用含有低脚乌尖血缘的IR24、IR26、IR30等，又育成了大量杂交水稻恢复系，有的恢复系可直接作为常规品种种植。

早籼品种珍汕97对推动杂交水稻的发展作用特殊、贡献巨大。该品种是浙江省温州农业科学研究所用珍珠矮11/汕矮选4号于1968年育成，含有矮仔占血缘，株高83cm，全生育期约120d，分蘖力强，千粒重27g左右，单产约5 500kg/hm^2。珍汕97除衍生了一批常规品种外，还被用于杂交稻不育系的选育。1973年，江西省萍乡市农业科学研究所以海南普通野生稻的野败材料为母本，用珍汕97为父本进行杂交并连续回交育成珍汕97A。该不育系早熟、配合力强，是我国使用范围最广、应用面积最大、时间最长、衍生品种最多的不育系。珍汕97A与不同恢复系配组，育成多种熟期类型的杂交水稻品种，如汕优6号、汕优46、汕优63、汕优64等供华南、长江流域作双季晚稻和单季中、晚稻大面积种植。以珍汕97A为母本直接配组的年种植面积超过6 667hm^{2}的杂交水稻品种有92个，36年来（1978—2014年）累计推广面积超过14 450万hm^2。

特青是广东省农业科学院用特矮/叶青伦于1984年育成的早、晚兼用的籼稻品种，茎秆粗壮，叶挺色浓，株叶形态好，耐肥，抗倒伏，抗白叶枯病，产量高，大田产量6 750 ~ 9 000kg/hm^2。特青被广泛用于南方稻区早、中、晚籼稻的育种亲本，主要衍生品种有特籼占13、特籼占25、盐稻5号、特三矮2号、鄂中4号、胜优2号、黄华占、丰矮占1号、丰澳占等。

嘉育293（浙辐802/科庆47//二九丰///早丰6号/水原287////HA79317-7）是浙江省嘉兴市农业科学研究所育成的常规早籼品种。全生育期约112d，株高76.8cm，苗期抗寒性强，株型紧凑，叶片长而挺，茎秆粗壮，生长旺盛，耐肥，抗倒伏，后期青秆黄熟，产量高，适于浙江、江西、安徽（皖南）等省作早稻种植，1993—2012年累计种植面积超过110万hm^2。嘉育293被广泛用于长江中下游稻区的早籼稻育种亲本，主要衍生品种有嘉育948、中98-15、嘉兴香米、嘉早43、越糯2号、嘉育143、嘉早41、嘉早935、中嘉早17等。

二、常规粳稻

我国常规粳稻最重要的核心育种骨干亲本有20个，衍生的种植面积较大（年种植面积＞6 667hm^2）的品种数超过2 400个（表1-7）。其中，全国种植面积较大的常规粳稻品种有：空育131、武育粳2号、武育粳3号、武运粳7号、鄂宜105、合江19、宁粳4号、龙粳31、农虎6号、鄂晚5号、秀水11、秀水04等。

旭是日本品种，从日本早期品种日之出选出。对旭进行系统选育，育成了京都旭以及关东43、金南风、下北、十和田、日本晴等日本品种。至20世纪末，我国由旭衍生的粳稻品种超过149个。如利用旭及其衍生品种进行早粳育种，育成了辽丰2号、松辽4号、合江20、合江21、早丰、吉粳53、吉粳88、冀粳1号、五优稻1号、龙粳3号、东农416等；利用京都旭及其衍生品种农垦57（原名金南风）进行中、晚粳育种，育成了金垦18、南粳11、徐稻2号、镇稻4号、盐粳4号、扬粳186、盐粳6号、镇稻6号、淮稻6号、南粳37、阳光200、远杂101、鲁香粳2号等。

表1-7 常规粳稻最重要核心育种骨干亲本及其主要衍生品种

品种名称	类型	衍生的品种数	主要衍生品种
旭	早粳	>149	农垦57、辽丰2号、松辽4号、合江20、合江21、早丰、吉粳53、吉粳88、冀粳1号、五优稻1号、龙粳3号、东农416、吉粳60、东农416
笹锦	早粳	>147	丰锦、辽粳5号、龙粳1号、秋光、吉粳69、龙粳1号、龙粳4号、龙粳14、垦稻8号、藤系138、京稻2号、辽盐2号、长白8号、吉粳83、青系96、秋丰、吉粳66
坊主	早粳	>105	石狩白毛、合江3号、合江11、合江22、龙粳2号、龙粳14、垦稻3号、垦稻8号、长白5号
爱国	早粳	>101	丰锦、宁粳6号、宁粳7号、辽粳5号、中花8号、临稻3号、冀粳6号、砦1号、辽盐2号、沈农265、松粳10号、沈农189
龟之尾	早粳	>95	宁粳4号、九稻1号、东农4号、松辽5号、虾夷、松辽5号、九稻1号、辽粳152
石狩白毛	早粳	>88	大雪、滇榆1号、合江12、合江22、龙粳1号、龙粳2号、龙粳14、垦稻8号、垦稻10号
辽粳5号	早粳	>61	辽粳68、辽粳288、辽粳326、沈农159、沈农189、沈农265、沈农604、松粳3号、松粳10号、辽星1号、中辽9052
合江20	早粳	>41	合江23、吉粳62、松粳3号、松粳9号、五优稻1号、五优稻3号、松粳21、龙粳3号、龙粳13、绥粳1号
吉粳53	早粳	>27	长白9号、九稻11、双丰8号、吉粳60、新稻2号、东农416、吉粳70、九稻44、丰选2号
红旗12	早粳	>26	宁粳9号、宁粳11、宁粳19、宁粳23、宁粳28、宁稻216
农垦57	中粳	>116	金垦18、双丰4号、南粳11、南粳23、徐稻2号、镇稻4号、盐粳4号、扬粳201、扬粳186、盐粳6号、南粳36、镇稻6号、淮稻6号、扬粳9538、南粳37、阳光200、远杂101、鲁香粳2号
桂花黄	中粳	>97	南粳32、矮粳23、秀水115、徐稻2号、浙粳66、双糯4号、临稻10号、宁粳9号、宁粳23、镇稻2号
西南175	中粳	>42	云粳3号、云粳7号、云粳9号、云粳134、靖粳10号、靖粳16、京黄126、新城糯、楚粳5号、楚粳22、合系41、滇靖8号
武育粳3号	中粳	>22	淮稻5号、淮稻6号、镇稻99、盐稻8号、武运粳11、华粳2号、广陵香粳、武育粳5号、武香粳9号
滇榆1号	中粳	>13	合系34、楚粳7号、楚粳8号、楚粳24、凤稻14、楚粳14、靖粳8号、靖粳优2号、靖粳优3号、云粳优1号
农垦58	晚粳	>506	沪选19、鄂宜105、农虎6号、辐农709、秀水48、农红73、矮粳23、秀水04、秀水11、秀水63、宁67、武运粳7号、武育粳3号、宁粳1号、甬粳18、徐稻3号、武香粳9号、鄂晚5号、嘉991、镇稻99、太湖糯
农虎6号	晚粳	>332	秀水664、嘉湖4号、祥湖47、秀水04、秀水11、秀水48、秀水63、桐青晚、宁67、太湖糯、武香粳9号、甬粳44、香血糯335、辐农709、武运粳7号
测21	晚粳	>254	秀水04、武香粳14、秀水11、宁粳1号、秀水664、武粳15、武运粳8号、秀水63、甬粳18、祥湖84、武香粳9号、武运粳21、宁67、嘉991、矮糯21、常农粳2号、春江026
秀水04	晚粳	>130	武香粳14、秀水122、武运粳23、秀水1067、武粳13、甬优6号、秀水17、太湖粳2号、甬优1号、宁粳3号、皖稻26、运9707、甬优9号、秀水59、秀水620
矮宁黄	晚粳	>31	老来青、沪晚23、八五三、矮粳23、农红73、苏粳7号、安庆晚2号、浙粳66、秀水115、苏稻1号、镇稻1号、航育1号、祥湖25

辽粳5号(丰锦////越路早生/矮脚南特//藤坂5号/BaDa///沈苏6号)是沈阳市浑河农场采用籼、粳稻杂交，后代用粳稻多次复交，于1981年育成的早粳矮秆高产品种。辽粳5号集中了籼、粳稻特点，株高80 ~ 90cm，叶片宽、厚、短、直立上举，色浓绿，分蘖力强，株型紧凑，受光姿态好，光能利用率高，适应性广，较抗稻瘟病，中抗白叶枯病，产量高。适宜在东北作早粳种植，1992年最大种植面积达到9.8万hm^2。用辽粳5号作亲本共衍生了61个品种，如辽粳326、沈农159、沈农189、松粳10号、辽星1号等。

合江20（早丰/合江16）是黑龙江省农业科学院水稻研究所于20世纪70年代育成的优良广适型早粳品种。合江20全生育期133 ~ 138d，叶色浓绿，直立上举，分蘖力较强，抗稻瘟病性较强，耐寒性较强，耐肥，抗倒伏，感光性较弱，感温性中等，株高90cm左右，千粒重23 ~ 24g。70年代末至80年代中期在黑龙江省大面积推广种植，特别是推广水稻旱育稀植以后，该品种成为黑龙江省的主栽品种。作为骨干亲本合江20衍生的品种包括松粳3号、合江21、合江23、黑粳5号、吉粳62等。

桂花黄是我国中、晚粳稻育种的一个主要亲源品种，原名Balilla(译名巴利拉、伯利拉、倍粒稻)，1960年从意大利引进。桂花黄为1964年江苏省苏州地区农业科学研究所从Balilla变异单株中选育而成，亦名苏粳1号。桂花黄株高90cm左右，全生育期120 ~ 130d，对短日照反应中等偏弱，分蘖力弱，穗大，着粒紧密，半直立，千粒重26 ~ 27g，一般单产5 000 ~ 6 000kg/hm^2。桂花黄的显著特点是配合力好，能较好地与各类粳稻配组。据统计，40年来（1965—2004年）桂花黄共衍生了97个品种，种植面积较大的品种有南粳32、矮粳23、秀水115、徐稻2号、浙粳66、双糯4号、临稻10号等。

农垦58是我国最重要的晚粳稻骨干亲本之一。农垦58又名世界一（经考证应该为Sekai系列中的1个品系），1957年农垦部引自日本，全生育期单季晚稻160 ~ 165d，连作晚稻135d，株高约110cm，分蘖早而多，株型紧凑，感光，对短日照反应敏感，后期耐寒，抗稻瘟病，适应性广，千粒重26 ~ 27g，米质优，作单季晚稻单产一般6 000 ~ 6 750kg/hm^2。该品种20世纪60 ~ 80年代在长江流域稻区广泛种植，1975年种植面积达到345万hm^2，1960—1987年累计种植面积超过1 100万hm^2。50年来（1960—2010年）以农垦58为亲本衍生的品种超过506个，其中直接经系统选育而成的品种59个。具有农垦58血缘并大面积种植的品种有：鄂宜105、农虎6号、辐农709、农红73、秀水04、秀水11、秀水63、宁67、武运粳7号、武育粳3号、宁粳1号、甬粳18、徐稻3号等。从农垦58田间发现并命名的农垦58S，成为我国两系杂交稻光温敏核不育系的主要亲本之一，并衍生了多个光温敏核不育系如培矮64S等，配组了大量两系杂交稻如两优培九、两优培特、培两优288、培两优986、培两优特青、培杂山青、培杂双七、培杂泰丰、培杂茂三等。

农虎6号是我国著名的晚粳品种和育种骨干亲本，由浙江省嘉兴市农业科学研究所于1965年用农垦58与老虎稻杂交育成，具有高产、耐肥、抗倒伏、感光性较强的特点，仅1974年在浙江、江苏、上海的种植面积就达到72.2万hm^2。以农虎6号为亲本衍生的品种超过332个，包括大面积种植的秀水04、秀水63、祥湖84、武香粳14、辐农709、武运粳7号、宁粳1号、甬粳18等。

武育粳3号是江苏省武进稻麦育种场以中丹1号分别与79-51和扬粳1号的杂交后代经复交育成。全生育期150d左右，株高95cm，株型紧凑，叶片挺拔，分蘖力较强，抗倒伏性中等，单产大约8 700kg/hm²，适宜沿江和沿海南部、丘陵稻区中等或中等偏上肥力条件下种植。1992—2008年累计推广面积549万hm²，1997年最大推广面积达到52.7万hm²。以武育粳3号为亲本，衍生了一批中粳新品种，如淮稻5号、镇稻99、香粳111、淮稻8号、盐稻8号、盐稻9号、扬粳9538、淮稻6号、南粳40、武运粳11、扬粳687、扬粳糯1号、广陵香粳、华粳2号、阳光200等。

测21是浙江省嘉兴市农业科学研究所用日本种质灵峰（丰沃/绫锦）为母本，与本地晚粳中间材料虎蕾选（金蕾440/农虎6号）为父本杂交育成。测21半矮生，叶姿挺拔，分蘖中等，株型挺，生育后期根系活力旺盛，成熟时穗弯于剑叶之下，米质优，配合力好。测21在浙江、江苏、上海、安徽、广西、湖北、河北、河南、贵州、天津、吉林、辽宁、新疆等省（自治区、直辖市）衍生并通过审定的常规粳稻新品种254个，包括秀水04、武香粳14、秀水11、宁粳1号、秀水664、武粳15、武运粳8号、秀水63、甬粳18、祥湖84、武香粳9号、武运粳21、宁67、嘉991、矮糯21等。1985—2012年以上衍生品种累计推广种植达2 300万hm²。

秀水04是浙江省嘉兴市农业科学研究所以测21为母本，与辐农70-92/单209为父本杂交于1985年选育而成的中熟晚粳型常规水稻品种。秀水04茎秆矮而硬，耐寒性较强，连晚栽培株高80cm，单季稻95 ~ 100cm，叶片短而挺，分蘖力强，成穗率高，有效穗多。穗颈粗硬，着粒密，结实率高，千粒重26g，米质优，产量高，适宜在浙江北部、上海、江苏南部种植，1985—1994年累计推广面积180万hm²。以秀水04为亲本衍生的品种超过130个，包括武香粳14、秀水122、祥湖84、武香粳9号、武运粳21、宁67、武粳13、甬优6号、秀水17、太湖粳2号、宁粳3号、皖稻26等。

西南175是西南农业科学研究所从台湾粳稻农家品种中经系统选择于1955年育成的中粳品种，产量较高，耐逆性强，在云贵高原持续种植了50多年。西南175不但是云贵地区的主要当家品种，而且是西南稻区中粳育种的主要亲本之一。

三、杂交水稻不育系

杂交水稻的不育系均由我国创新育成，包括野败型、矮败型、冈型、印水型、红莲型等三系不育系，以及两系杂交水稻的光敏和温敏不育系。最重要的杂交稻核心不育系有21个，衍生的不育系超过160个，配组的大面积种植（年种植面积＞6 667hm²）的品种数超过1 300个。配组杂交稻品种最多的不育系是：珍汕97A、Ⅱ-32A、V20A、冈46A、龙特甫A、博A、协青早A、金23A、中9A、天丰A、谷丰A、农垦58S、培矮64S和Y58S等(表1-8)。

表1-8　杂交水稻核心不育系及其衍生的品种（截至2014年）

不育系	类　型	衍生的不育系数	配组的品种数	代表品种
珍汕97A	野败籼型	＞36	＞231	汕优2号、汕优22、汕优3号、汕优36、汕优36辐、汕优4480、汕优46、汕优559、汕优63、汕优64、汕优647、汕优6号、汕优70、汕优72、汕优77、汕优78、汕优8号、汕优多系1号、汕优桂30、汕优桂32、汕优桂33、汕优桂34、汕优桂99、汕优晚3、汕优直龙

（续）

不育系	类 型	衍生的不育系数	配组的品种数	代 表 品 种
Ⅱ-32A	印水籼型	＞5	＞237	Ⅱ优084、Ⅱ优128、Ⅱ优162、Ⅱ优46、Ⅱ优501、Ⅱ优58、Ⅱ优602、Ⅱ优63、Ⅱ优718、Ⅱ优725、Ⅱ优7号、Ⅱ优802、Ⅱ优838、Ⅱ优87、Ⅱ优多系1号、Ⅱ优辐819、优航1号、Ⅱ优明86
V20A	野败籼型	＞8	＞158	威优2号、威优35、威优402、威优46、威优48、威优49、威优6号、威优63、威优64、威优647、威优77、威优98、威优华联2号
冈46A	冈籼型	＞1	＞85	冈矮1号、冈优12、冈优188、冈优22、冈优151、冈优188、冈优527、冈优725、冈优827、冈优881、冈优多系1号
龙特甫A	野败籼型	＞2	＞45	特优175、特优18、特优524、特优559、特优63、特优70、特优838、特优898、特优桂99、特优多系1号
博A	野败籼型	＞2	＞107	博Ⅲ优273、博Ⅱ优15、博优175、博优210、博优253、博优258、博优3550、博优49、博优64、博优803、博优998、博优桂44、博优桂99、博优香1号、博优湛19
协青早A	矮败籼型	＞2	＞44	协优084、协优10号、协优46、协优49、协优57、协优63、协优64、协优华联2号
金23A	野败籼型	＞3	＞66	金优117、金优207、金优253、金优402、金优458、金优191、金优63、金优725、金优77、金优928、金优桂99、金优晚3
K17A	K籼型	＞2	＞39	K优047、K优402、K优5号、K优926、K优1号、K优3号、K优40、K优52、K优817、K优818、K优877、K优88、K优绿36
中9A	印水籼型	＞2	＞127	中9优288、中优207、中优402、中优974、中优桂99、国稻1号、国丰1号、先农20
D汕A	D籼型	＞2	＞17	D优49、D优78、D优162、D优361、D优1号、D优64、D汕 优63、D优63
天丰A	野败籼型	＞2	＞18	天优116、天优122、天优1251、天优368、天优372、天优4118、天优428、天优8号、天优998、天优华占
谷丰A	野败籼型	＞2	＞32	谷优527、谷优航1号、谷优964、谷优航148、谷优明占、谷优3301
丛广41A	红莲籼型	＞3	＞12	广优4号、广优青、粤优8号、粤优938、红莲优6号
黎明A	滇粳型	＞11	＞16	黎优57、滇杂32、滇杂34
甬粳2A	滇粳型	＞1	＞11	甬优2号、甬优3号、甬优4号、甬优5号、甬优6号
农垦58S	光温敏	＞34	＞58	培矮64S、广占63S、广占63-4S、新安S、GD-1S、华201S、SE21S、7001S、261S、N5088S、4008S、HS-3、两优培九、培两优288、培两优特青、丰两优1号、扬两优6号、新两优6号、粤杂122、华两优103
培矮64S	光温敏	＞3	＞69	培两优210、两优培九、两优培特、培两优288、培两优3076、培两优981、培两优986、培两优特青、培杂山青、培杂双七、培杂桂99、培杂67、培杂泰丰、培杂茂三
安农S-1	光温敏	＞18	＞47	安两优25、安两优318、安两优402、安两优青占、八两优100、八两优96、田两优402、田两优4号、田两优66、田两优9号
Y58S	光温敏	＞7	＞120	Y两优1号、Y两优2号、Y两优6号、Y两优9981、Y两优7号、Y两优900、深两优5814
株1S	光温敏	＞20	＞60	株两优02、株两优08、株两优09、株两优176、株两优30、株两优58、株两优81、株两优839、株两优99

珍汕97A属野败胞质不育系，是江西省萍乡市农业科学研究所以海南普通野生稻的野败材料为母本，以迟熟早籼品种珍汕97为父本杂交并连续回交于1973年育成。该不育系配合力强，是我国使用范围最广、应用面积最大、时间最长、衍生品种最多的不育系。与不同恢复系配组，育成多种熟期类型的杂交水稻供华南早稻、华南晚稻、长江流域的双季早稻和双季晚稻及一季中稻利用。以珍汕97A为母本直接配组的年种植面积超过6 667hm^{2}的杂交水稻品种有92个，30年来（1978—2007年）累计推广面积13 372万hm^2。

V20A属野败胞质不育系，是湖南省贺家山原种场以野败/6044//71-72后代的不育株为母本，以早籼品种V20为父本杂交并连续回交于1973年育成。V20A一般配合力强，异交结实率高，配组的品种主要作双季晚稻使用，也可用作双季早稻。V20A是全国主要的不育系之一，配组的威优6号、威优63、威优64等系列品种在20世纪80～90年代曾经大面积种植，其中威优6号在1981—1992年的累计种植面积达到822万hm^2。

Ⅱ-32A属印水胞质不育系。为湖南杂交水稻研究中心从印尼水田谷6号中发现的不育株，其恢保关系与野败相同，遗传特性也属于孢子体不育。Ⅱ-32A是用珍汕97B与IR665杂交育成定型株系后，再与印水珍鼎（糯）A杂交、回交转育而成。全生育期130d，开花习性好，异交结实率高，一般制种产量可达3 000～4 500kg/hm^2，是我国主要三系不育系之一。Ⅱ-32A衍生了优ⅠA、振丰A、中9A、45A、渝5A等不育系，与多个恢复系配组的品种，包括Ⅱ优084、Ⅱ优46、Ⅱ优501、Ⅱ优63、Ⅱ优838、Ⅱ优多系1号、Ⅱ优辐819、Ⅱ优明86等，在我国南方稻区大面积种植。

冈型不育系是四川农学院水稻研究室以西非晚籼冈比亚卡（Gambiaka Kokum）为母本，与矮脚南特杂交，利用其后代分离的不育株杂交转育的一批不育系，其恢保关系、雄性不育的遗传特性与野败基本相似，但可恢复性比野败好，从而发现并命名为冈型细胞质不育系。冈46A是四川农业大学水稻研究所以冈二九矮7号A为母本，用“二九矮7号/V41//V20/雅矮早”的后代为父本杂交、回交转育成的冈型早籼不育系。冈46A在成都地区春播，播种至抽穗历期75d左右，株高75～80cm，叶片宽大，叶色淡绿，分蘖力中等偏弱，株型紧凑，生长繁茂。冈46A配合力强，与多个恢复系配组的74个品种在我国南方稻区大面积种植，其中冈优22、冈优12、冈优527、冈优151、冈优多系1号、冈优725、冈优188等曾是我国南方稻区的主推品种。

中9A是中国水稻研究所1992年以优ⅠA为母本，优ⅠB/L301B//菲改B的后代作父本，杂交、回交转育成的早籼不育系，属印尼水田谷6号质源型，2000年5月获得农业部新品种权保护。中9A株高约65cm，播种至抽穗60d左右，育性稳定，不育株率100%，感温，异交结实率高，配合力好，可配组早籼、中籼及晚籼3种栽培型杂交水稻，适用于所有籼型杂交稻种植区。以中9A配组的杂交品种产量高，米质好，抗白叶枯病，是我国当前较抗白叶枯病的不育系，与抗稻瘟病的恢复系配组，可育成双抗的杂交稻品种。配组的国稻1号、国丰1号、中优177、中优448、中优208等49个品种广泛应用于生产。

谷丰A是福建省农业科学院水稻研究所以地谷A为母本，以[龙特甫B/宙伊B（V41B/汕优菲一//IRs48B）]F_4作回交父本，经连续多代回交于2000年转育而成的野败型三系不育系。谷丰A株高85cm左右，不育性稳定，不育株率100%，花粉败育以典败为主，异交特性好，较抗稻瘟病，适宜配组中、晚籼类型杂交品种。谷优系列品种已在中国南方稻区大面积推广应用，成为稻瘟病重发区杂交水稻安全生产的重要支撑。利用谷丰A配组育成了谷优527、谷优964、谷优5138等32个品种通过省级以上农作物品种审定委员会审（认）定，其中4个品种通过国家农作物品种审定委员会审定。

甬粳2A是滇粳型不育系，是浙江省宁波市农业科学院以宁67A为母本，以甬粳2号为父本进行杂交，以甬粳2号为父本进行连续回交转育而成。甬粳2A株高90cm左右，感光性强，株型下紧上松，须根发达，分蘖力强，茎韧秆壮，剑叶挺直，中抗白叶枯病、稻瘟病、细菌性条纹病，耐肥，抗倒伏性好。采用粳不/籼恢三系法途径，甬粳2A配组育成了甬优2号、甬优4号、甬优6号等优质高产籼粳杂交稻。其中，甬优6号（甬粳2A/K4806）2006年在浙江省鄞州取得单季稻12 510kg/hm^{2}的高产，甬优12（甬粳2A/F5032）在2011年洞桥“单季百亩示范方”取得13 825kg/hm^{2}的高产。

培矮64S是籼型温敏核不育系，由湖南杂交水稻研究中心以农垦58S为母本，籼爪型品种培矮64（培迪/矮黄米//测64）为父本，通过杂交和回交选育而成。培矮64S株高65～70cm，分蘖力强，亲和谱广，配合力强，不育起点温度在13h光照条件下为23.5℃左右，海南短日照（12h）条件下不育起点温度超过24℃。目前已配组两优培九、两优培特、培两优288等30多个通过省级以上农作物品种审定委员会审定并大面积推广的两系杂交稻品种，是我国应用面积最大的两系核不育系。

安农S-1是湖南省安江农业学校从早籼品系超40/H285//6209-3群体中选育的温敏型两用核不育系。由于控制育性的遗传相对简单，用该不育系作不育基因供体，选育了一批实用的两用核不育系如香125S、安湘S、田丰S、田丰S-2、安农810S、准S360S等，配组的安两优25、安两优318、安两优402、安两优青占等品种在南方稻区广泛种植。

Y58S(安农S-1/常菲22B//安农S-1/Lemont///培矮64S)是光温敏不育系，实现了有利多基因累加，具有优质、高光效、抗病、抗逆、优良株叶形态和高配合力等优良性状。Y58S目前已选配Y两优系列强优势品种120多个，其中已通过国家、省级农作物品种审定委员会审（认）定的有45个。这些品种以广适性、优质、多抗、超高产等显著特性迅速在生产上大面积推广，代表性品种有Y两优1号、Y两优2号、Y两优9981等，2007—2014年累计推广面积已超过300万hm^2。2013年，在湖南隆回县，超级杂交水稻Y两优900获得14 821kg/hm^{2}的高产。

四、杂交水稻恢复系

我国极大部分强恢复系或强恢复源来自国外，包括IR24、IR26、IR30、密阳46等，它们均含有我国台湾省地方品种低脚乌尖的血缘（*sd1*矮秆基因）。20世纪70～80年代，IR24、IR26、IR30、IR36、IR58直接作恢复系利用，随着明恢63（IR30/圭630）的育成，我国的杂交稻恢复系走上了自主创新的道路，育成的恢复系其遗传背景呈现多元化。目前，主要的已广泛应用的核心恢复系17个，它们衍生的恢复系超过510个，配组的种植面积较大（年种植面积＞6 667hm^2）的杂交品种数超过1 200个（表1-9）。配组品种较多的恢复系有：明恢63、明恢86、IR24、IR26、多系1号、测64-7、蜀恢527、辐恢838、桂99、CDR22、密阳46、广恢3550、C57等。

表1-9 我国主要的骨干恢复系及配组的杂交稻品种（截至2014年）

骨干亲本名称	类型	衍生的恢复系数	配组的杂交品种数	代表品种
明恢63	籼型	>127	>325	D优63、Ⅱ优63、博优63、冈优12、金优63、马协优63、全优63、汕优63、特优63、威优63、协优63、优Ⅰ63、新香优63、八两优63
IR24	籼型	>31	>85	矮优2号、南优2号、汕优2号、四优2号、威优2号
多系1号	籼型	>56	>78	D优68、D优多系1号、Ⅱ优多系1号、K优5号、冈优多系1号、汕优多系1号、特优多系1号、优Ⅰ多系1号
辐恢838	籼型	>50	>69	辐优803、B优838、Ⅱ优838、长优838、川香838、辐优838、绵5优838、特优838、中优838、绵两优838、天优838
蜀恢527	籼型	>21	>45	D奇宝优527、D优13、D优527、Ⅱ优527、辐优527、冈优527、红优527、金优527、绵5优527、协优527
测64-7	籼型	>31	>43	博优49、威优49、协优49、汕优49、D优64、汕优64、威优64、博优64、常优64、协优64、优Ⅰ64、枝优64
密阳46	籼型	>23	>29	汕优46、D优46、Ⅱ优46、Ⅰ优46、金优46、汕优10、威优46、协优46、优I46
明恢86	籼型	>44	>76	Ⅱ优明86、华优86、两优2186、汕优明86、特优明86、福优86、D297优86、T优8086、Y两优86
明恢77	籼型	>24	>48	汕优77、威优77、金优77、优Ⅰ77、协优77、特优77、福优77、新香优77、K优877、K优77
CDR22	籼型	24	34	汕优22、冈优22、冈优3551、冈优363、绵5优3551、宜香3551、冈优1313、D优363、Ⅱ优936
桂99	籼型	>20	>17	汕优桂99、金优桂99、中优桂99、特优桂99、博优桂99（博优903）、华优桂99、秋优桂99、枝优桂99、美优桂99、优Ⅰ桂99、培两优桂99
广恢3550	籼型	>8	>21	Ⅱ优3550、博优3550、汕优3550、汕优桂3550、特优3550、天丰优3550、威优3550、协优3550、优优3550、枝优3550
IR26	籼型	>3	>17	南优6号、汕优6号、四优6号、威优6号、威优辐26
扬稻6号	籼型	>1	>11	红莲优6号、两优培九、扬两优6号、粤优938
C57	粳型	>20	>39	黎优57、丹粳1号、辽优3225、9优418、辽优5218、辽优5号、辽优3418、辽优4418、辽优1518、辽优3015、辽优1052、泗优422、皖稻22、皖稻70
皖恢9号	粳型	>1	>11	70优9号、培两优1025、双优3402、80优98、Ⅲ优98、80优9号、80优121、六优121

明恢63是我国最重要的育成恢复系，由福建省三明市农业科学研究所以IR30/圭630于1980年育成。圭630是从圭亚那引进的常规水稻品种，IR30来自国际水稻研究所，含有IR24、IR8的血缘。明恢63衍生了大量恢复系，其衍生的恢复系占我国选育恢复系的65%～70%，衍生的主要恢复系有CDR22、辐恢838、明恢77、多系1号、广恢128、恩恢58、明恢86、绵恢725、盐恢559、镇恢084、晚3等。明恢63配组育成了大量优良的杂交稻品种，包括汕优63、D优63、协优63、冈优12、特优63、金优63、汕优桂33、汕优多系1号等，这些杂交稻品种在我国稻区广泛种植，对水稻生产贡献巨大。直接以明恢63为恢复系配组的年种植面积超过6 667hm^{2}的杂交水稻品种29个，其中，汕优63（珍汕97A/

明恢63）1990年种植面积681万hm^2，累计推广面积（1983—2009年）6 289万hm^2；D优63（D珍汕97A/明恢63）1990年种植面积111万hm^2，累计推广面积（1983—2001年）637万hm^2。

密阳46（Miyang 46）原产韩国，20世纪80年代引自国际水稻研究所，其亲本为统一/IR24//IR1317/IR24，含有台中本地1号、IR8、IR24、IR1317（振兴/IR262//IR262/IR24）及韩国品种统一（IR8//蛦/台中本地1号）的血缘。全生育期110d左右，株高80cm左右，株型紧凑，茎秆细韧、挺直，结实率85%～90%，千粒重24g，抗稻瘟病力强，配合力强，是我国主要的恢复系之一。密阳46衍生的主要恢复系有蜀恢6326、蜀恢881、蜀恢202、蜀恢162、恩恢58、恩恢325、恩恢995、恩恢69、浙恢7954、浙恢203、Y111、R644、凯恢608、浙恢208等；配组的杂交品种汕优46(原名汕优10号)、协优46、威优46等是我国南方稻区中、晚稻的主栽品种。

IR24，其姐妹系为IR661，均引自国际水稻研究所（IRRI），其亲本为IR8/IR127。IR24是我国第一代恢复系，衍生的重要恢复系有广恢3550、广恢4480、广恢290、广恢128、广恢998、广恢372、广恢122、广恢308等；配组的矮优2号、南优2号、汕优2号、四优2号、威优2号等是我国20世纪70～80年代杂交中晚稻的主栽品种，IR24还是人工制恢的骨干亲本之一。

测64是湖南省安江农业学校从IR9761-19中系选测交选出。测64衍生出的恢复系有测64-49、测64-8、广恢4480（广恢3550/测64）、广恢128（七桂早25/测64）、广恢96（测64/518）、广恢452（七桂早25/测64//早特青）、广恢368（台中籼育10号/广恢452）、明恢77（明恢63/测64）、明恢07（泰宁本地/圭630//测64///777/CY85-43）、冈恢12（测64-7/明恢63）、冈恢152（测64-7/测64-48）等。与多个不育系配组的D优64、汕优64、威优64、博优64、常优64、协优64、优I64、枝优64等是我国20世纪80～90年代杂交稻的主栽品种。

CDR22（IR50/明恢63）系四川省农业科学院作物研究所育成的中籼迟熟恢复系。CDR22株高100cm左右，在四川成都春播，播种至抽穗历期110d左右，主茎总叶片数16～17叶，穗大粒多，千粒重29.8g，抗稻瘟病，且配合力高，花粉量大，花期长，制种产量高。CDR22衍生出了宜恢3551、宜恢1313、福恢936、蜀恢363等恢复系24个；配组的汕优22和冈优22强优势品种在生产中大面积推广。

辐恢838是四川省原子能应用技术研究所以226（糯）/明恢63辐射诱变株系r552育成的中籼中熟恢复系。辐恢838株高100～110cm，全生育期127～132d，茎秆粗壮，叶色青绿，剑叶硬立，叶鞘、节间和稃尖无色，配合力高，恢复力强。由辐恢838衍生出了辐恢838选、成恢157、冈恢38、绵恢3724等新恢复系50多个；用辐恢838配组的Ⅱ优838、辐优838、川香9838、天优838等20余个杂交品种在我国南方稻区广泛应用，其中Ⅱ优838是我国南方稻区中稻的主栽品种之一。

多系1号是四川省内江市农业科学研究所以明恢63为母本，Tetep为父本杂交，并用明恢63连续回交育成，同时育成的还有内恢99-14和内恢99-4。多系1号在四川内江春播，播种至抽穗历期110d左右，株高100cm左右，穗大粒多，千粒重28g，高抗稻瘟病，且配合力高，花粉量大，花期长，利于制种。由多系1号衍生出内恢182、绵恢2009、绵恢2040、明恢1273、明恢2155、联合2号、常恢117、泉恢131、亚恢671、亚恢627、航148、晚R-1、中恢8006、宜恢2308、宜恢2292等56个恢复系。多系1号先后配组育成了汕优多系1号、Ⅱ优多系1号、冈优多系1号、D优多系1号、D优68、K优5号、特优多系1号等品种，在我国南方稻区广泛作中稻栽培。

明恢77是福建省三明市农业科学研究所以明恢63为母本，测64作父本杂交，经多代选择于1988年育成的籼型早熟恢复系。到2010年，全国以明恢77为父本配组育成了11个组合通过省级以上农作物品种审定委员会审定，其中3个品种通过国家农作物品种审定委员会审定，从1991—2010年，用明恢77直接配组的品种累计推广面积达744.67万hm^2。到2010年，全国各育种单位利用明恢77作为骨干亲本选育的新恢复系有R2067、先恢9898、早恢9059、R7、蜀恢361等24个，这些新恢复系配组了34个品种通过省级以上农作物品种审定委员会审定。

明恢86是福建省三明市农业科学研究所以P18（IR54/明恢63//IR60/圭630）为母本，明恢75（粳187/IR30//明恢63）作父本杂交，经多代选择于1993年育成的中籼迟熟恢复系。到2010年，全国以明恢86为父本配组育成了11个品种通过省级以上农作物品种审定委员会品种审定，其中3个品种通过国家农作物品种审定委员会审定。从1997—2010年，用明恢86配组的所有品种累计推广面积达221.13万hm^2。到2011年止，全国各育种单位以明恢86为亲本选育的新恢复系有航1号、航2号、明恢1273、福恢673、明恢1259等44个，这些新恢复系配组了65个品种通过省级以上农作物品种审定委员会审定。

C57是辽宁省农业科学院利用“籼粳架桥”技术，通过籼（国际水稻研究所具有恢复基因的品种IR8）/籼粳中间材料（福建省具有籼稻血统的粳稻科情3号）//粳（从日本引进的粳稻品种京引35），从中筛选出的具有1/4籼核成分的粳稻恢复系。C57及其衍生恢复系的育成和应用推动了我国杂交粳稻的发展，据不完全统计，约有60%以上的粳稻恢复系具有C57的血缘，如皖恢9号、轮回422、C52、C418、C4115、徐恢201、MR19、陆恢3号等。C57是我国第一个大面积应用的杂交粳稻品种黎优57的父本。

参考文献

陈温福，徐正进，张龙步，等，2002. 水稻超高产育种研究进展与前景[J]. 中国工程科学，4(1): 31-35.

程式华，曹立勇，庄杰云，等，2009. 关于超级稻品种培育的资源和基因利用问题[J]. 中国水稻科学，23(3): 223-228.

程式华，2010. 中国超级稻育种[M]. 北京：科学出版社：493.

方福平，2009. 中国水稻生产发展问题研究[M]. 北京：中国农业出版社：19-41.

韩龙植，曹桂兰，2005. 中国稻种资源收集、保存和更新现状[J]. 植物遗传资源学报，6(3): 359-364.

林世成，闵绍楷，1991. 中国水稻品种及其系谱[M]. 上海：上海科学技术出版社：411.

马良勇，李西民，2007. 常规水稻育种[M]// 程式华，李健. 现代中国水稻. 北京：金盾出版社：179-202.

闵捷，朱智伟，章林平，等，2014. 中国超级杂交稻组合的稻米品质分析[J]. 中国水稻科学，28(2): 212-216.

庞汉华，2000. 中国野生稻资源考察、鉴定和保存概况[J]. 植物遗传资源科学，1(4): 52-56.

汤圣祥，王秀东，刘旭，2012. 中国常规水稻品种的更替趋势和核心骨干亲本研究[J]. 中国农业科学，5(8): 1455-1464.

万建民，2010. 中国水稻遗传育种与品种系谱[M]. 北京：中国农业出版社：742.

魏兴华,汤圣祥,余汉勇,等,2010. 中国水稻国外引种概况及效益分析[J]. 中国水稻科学,24(1): 5-11.

魏兴华,汤圣祥,2011. 中国常规稻品种图志[M]. 杭州:浙江科学技术出版社:418.

谢华安,2005. 汕优63选育理论与实践[M]. 北京:中国农业出版社:386.

杨庆文,陈大洲,2004. 中国野生稻研究与利用[M]. 北京:气象出版社.

杨庆文,黄娟,2013. 中国普通野生稻遗传多样性研究进展[J]. 作物学报,39(4): 580-588.

袁隆平,2008. 超级杂交水稻育种进展[J]. 中国稻米(1): 1-3.

Khush G S, Virk P S, 2005. IR varieties and their impact[M]. Malina, Philippines: IRRI: 163.

Tang S X, Ding L, Bonjean A P A, 2010. Rice production and genetic improvement in China[M]//Zhong H, Bonjean Alain A P A. Cereals in China. Mexico: CIMMYT.

Yuan L P, 2014. Development of hybrid rice to ensure food security[J]. Rice Science, 21(1): 1-2.

第二章

贵州省稻作区划与品种改良概述

ZHONGGUO SHUIDAO PINZHONGZHI · GUIZHOU JUAN

贵州省地处云贵高原东斜坡面，地处北纬24°37′～29°13′，东经103°36′～109°35′，是长江和珠江上游的分水岭地带，属于典型喀斯特地貌的高原山地省。在气候带划分上属于亚热带（即副热带），具有高原季风湿润气候的特点。贵州南邻广西丘陵，与海洋距离不远，有充足水汽来源，雨量充沛；北为四川盆地和秦岭、大巴山，阻挡着北方冷空气长驱直入，使冬、春、秋季的热、水分配比国内纬度大致相同的东部地区更协调。在特殊的地理位置和地形地势等自然环境以及大气环流的作用下，形成了贵州温和湿润、热量较丰、雨量充沛、光热水同季等优越的稻作气候条件。

根据贵州省自然资源条件、社会经济条件、耕作制度、品种演变等因素，将贵州省水稻种植区划分为6个稻作区（图2-1）。

第一节　贵州省稻作区划

一、黔中温和单季稻作区

本区是贵州水稻主要产区，包括金沙（赤水河谷除外）、黔西、六枝、安顺、修文、开阳、惠水、独山、贵定、黄平、台江、麻江、雷山、遵义、余庆等30多个县市的全部和紫云、平塘、德江、仁怀、习水、桐梓县的大部分地区，以及织金县海拔1 400m以下的区乡，稻田面积约占全省稻田面积的50.6%，约为84万hm^2，约占本地区耕地面积的48.0%，水稻

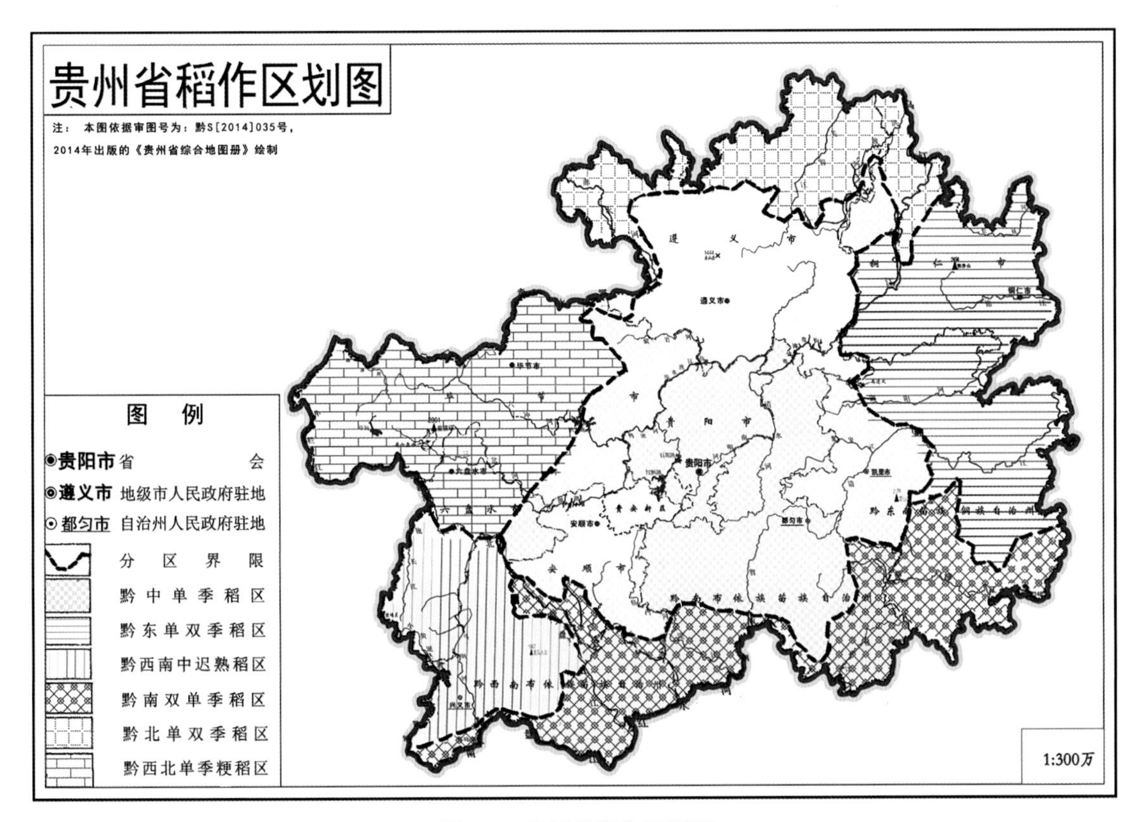

图2-1　贵州省稻作区划图

总产约占本区粮食总产的57.0%。

本区位于贵州高原中部600 ~ 1 400m的高原面上，属高原丘陵盆地，以丘陵为主，坝子较多。土壤为地带性黄壤，平坝地区多为黄泥田和潮泥田，石灰岩地区多为大眼泥和鸭屎泥田，一般土层较深，肥力较高，含磷量较低，水资源丰富，灌溉条件较好，耕作水平也较高。气候特点是：春暖迟，秋寒较早，夏季温和，年均气温14.0 ~ 16.0℃，≥10.0℃有效积温4 000.0 ~ 5 000.0℃，水稻生长期180 ~ 210d，水稻安全播种期为3月底至4月上中旬，安全齐穗期为8月中旬至9月上旬，7月年均温：海拔600 ~ 900m地区为24.5 ~ 27.0℃、900 ~ 1 400m地区为21.0 ~ 24.0℃，年降水量1 000 ~ 1 400mm，水稻生长期间降水量占全年降水量的70.0% ~ 75.0%，乌江以北伏旱较重；一般4月中下旬春雨来临，对适时栽插有利。年日照时数1 070 ~ 1 400h，水稻生长季3 ~ 10月的太阳辐射量为293.0 ~ 314.0kJ/cm^2。稻田种植制度，以稻—油（麦、肥、菜）为主，有部分坑冬或泡冬田，在海拔600 ~ 700m条件较好地区，可种植中稻—再生稻、玉米（旱烟）—稻。多数地区以一季中熟籼稻为主，海拔1 000m以下可种植中、迟熟杂交稻，1 400m以上地区以中熟粳稻为主。

二、黔东温暖单双季稻作区

本区包括松桃、铜仁、思南、石阡、施秉、剑河、锦屏、天柱等14县，万山特区全部以及黎平的大部，是贵州水稻比较集中的产区之一。稻田面积约占全省稻田面积的19.4%，约为32万hm^2，约占该区耕地面积的69.0%，水稻总产约占该区粮食总产的72.0%。

本区位于贵州高原向湘西丘陵延伸地带，属低山丘陵盆地；除梵净山、雷公山延伸部垂直高差较大外，一般高差均在200m以下，土壤为红、黄壤及红黄壤，耕地连片，万亩大坝较多；稻田主要为潮泥田、黄泥田和大眼泥，主要分布在海拔200 ~ 1 000m地带，自然肥力较高，有机质和氮素含量较高，磷素缺乏。气候特点是：春暖较迟，秋寒较早，夏季炎热，年均16.2 ~ 18.0℃，≥10.0℃有效积温4 500.0 ~ 5 500.0℃，7月年均温26.4 ~ 28.0℃，7月下旬至8月初常出现35.0℃以上高温危害，水稻生长期210 ~ 253d，年降水量1 100 ~ 1 300mm，70.0% ~ 75.0%集中在水稻生长季，春雨多，约在3月下旬至4月上旬到来；夏雨较少，北部伏旱较重，年日照时数1 100 ~ 1 350h；水稻生长期的太阳辐射为272.1kJ/cm^2，岑巩县可高达314.0kJ/cm^2，稻田耕作以稻—油（麦、绿肥）为主，宜采用早熟或迟熟籼稻，以避7月中旬至8月初高温。铜仁地区海拔500m以下、黔东南州海拔600m以下的河谷盆地及山地，温度较高，灌溉条件较好，适宜种双季稻，可用中熟早籼稻搭配中迟熟晚粳为主。条件稍差一点地区可发展中稻—再生稻—绿肥。宜采用中熟、中迟熟籼稻。东南部需照顾少数民族习惯，发展部分迟熟糯稻，在冷、阴、烂、锈田中种植的“禾”品种应加快改良，以提高产量。

三、黔西南温和单季稻作区

本区包括盘县、普安、晴隆、关岭、贞丰、安龙、兴仁、兴义的全部或绝大部分（南、北盘江河谷除外）。稻田面积约占全省稻田面积的6.8%，约为11万hm^2，约占本区耕地面积的34.4%，水稻总产占本区粮食总产的37.4%左右。

本区地处贵州高原向云南高原及广西丘陵过渡地带，属高原中山及深切割峡谷，地势北高南低，西高东低，北部地形较破碎复杂，南部较平坦。土壤有红壤、红黄壤、黄壤、黄棕壤和石灰土。稻田有青泥、红泥、胶泥田，肥力一般。稻田主要分布在海拔800～1 500m的河谷、山间小平坝及丘陵地区。春温回升南早、北迟，日均温稳定≥10.0℃初日出现在3月下旬至4月上旬；夏季温凉，7月年均温22.0～23.7℃；秋季降温较早，≥20℃终日在8月上旬至下旬（北早南迟），气候条件是：年均温14.0～17.0℃，≥10.0℃有效积温3 600.0～5 000.0℃，水稻安全生长期180～220d。年降水量1 200～1 500mm，分布不均，春雨来临较迟，一般在5月上旬，有的年份要到5月下旬或6月上旬才降大雨，春旱严重影响春播和栽插。年日照时数1 360～1 600h，水稻生长期间太阳辐射量326.6～343.3kJ/cm^2（西片多于东片）。稻田耕作制，以稻—麦（油、肥、芋、豌豆、胡豆、菜）为主，海拔1 000m以下可发展玉米—稻，以避春旱。一般以中迟熟耐迟栽籼稻品种为主，杂交稻宜种于海拔1 200m以下，海拔1 400m以上宜种粳稻，水源差地区可发展旱稻。

四、黔南温热双单季稻作区

本区包括：榕江、从江、三都、荔波、罗甸、册亨、望漠等县和黎平南部、平塘南缘、紫云的火花、镇宁的六马、贞丰的白层和鲁贡、晴隆的鸡场、关岭的断桥、兴仁的九盘、安龙的坡脚、兴义的仓更、巴结、泥函等南、北盘江河谷地带。分为东、西两大片，稻田面积约占全省稻田面积的8.6%，约为14万hm^2，占本区耕地面积的57.0%，水稻总产占本区粮食总产的72.0%左右。

本区位于贵州高原向广西丘陵延伸的斜坡地带，众山夹峙、山高谷深。土壤为砖红壤、红壤和黄壤。稻田集中分布在都柳江、曹渡河、格凸河、红水河、南北盘江等河谷、盆地及山间小坝地，有潮泥田、红泥田、大眼泥田，一般肥力偏低。东部海拔500m以下，西部海拔700m以下，是贵州省热量条件最好地区。气候条件是：春暖早，秋寒迟，夏季炎热，年均温18.0～19.0℃（个别地方20.0℃以上），≥10.0℃有效积温5 500.0～6 500.0℃，水稻生长期240～270d，早稻安全播种期为3月上旬，晚稻安全齐穗期为9月末至10月初；7月年均温26.0～27.0℃；年降水量1 100～1 500mm，东片多、西片少，均属春旱夏湿天气。年日照时数1 150～1 500h，水稻生长期内的太阳辐射量，东片为284.7～305.6kJ/cm^2，西片为381.1～343.3kJ/cm^2，宜发展双季稻和三熟制，宜采用早籼晚粳“中配迟”或早籼配早中熟杂稻，或杂交中稻—再生稻。河谷平坝地区可推行麦（肥）—稻—稻或油菜—西瓜（蔬菜）—稻，或麦—玉米—稻三熟制。东片因山高谷深，冷、阴、烂、锈田占稻田面积的30.0%～40.0%，且病虫危害严重，故产量低。应加强低产田改造，选用抗性强的品种；为照顾少数民族习惯，还应发展糯稻。西片因岩溶地形发育，岩石裸露，土壤瘠薄，冲刷严重，积极开发地下水资源，是提高稻田复种的关键。

五、黔北温暖单双季稻作区

本区包括沿河、务川、道真、正安、赤水等县，桐梓的部分地区，以及德江的潮底、习水的醒民、隆兴、土城，仁怀、金沙的赤水河谷地区。稻田面积约占全省稻田面积的10.3%，约为17万hm^2，占本区耕地面积的46.4%，水稻总产占本区粮食总产的51.0%左右。

本区位于贵州高原向四川盆地延伸的斜坡地带，为中山峡谷或丘陵盆地；地势南高北低，山大坡陡，河谷幽深，坝子较少，相对高差大。稻田主要分布在海拔200～800m地带，自然土壤为黄壤、稻田土壤，在河谷盆地由低到高为潮泥田—黄泥田；灰岩地区为潮泥田和大眼泥田，肥力较高。气候条件是：春暖较早，秋寒较迟，夏季炎热，海拔500m以下的河谷及半山地区，年均温17.0～18.0℃，≥10.0℃有效积温5 000.0～5 800.0℃，水稻生长期220～240d，水稻安全播期为3月上、中旬；安全齐穗期：早稻为5月下旬以后，晚稻为9月上、中旬，水稻生长期220～240d。7月年均温27.0～28.0℃，7月下旬至8月初可出现35.0℃以上高温。年降水量1 100～1 300mm，春夏雨量分布较均匀，但7、8月也有干旱发生。年日照时数1 014～1 273h。水稻生长期间太阳辐射量为272.1～297.2kJ/cm^2。这类地区宜发展双季稻或稻—稻—麦（油、绿肥）三熟。早、晚稻品种采用早籼晚粳“迟配迟”或“中配迟”。条件差一点可发展（油、绿肥）—中稻—再生稻三熟。海拔500m以上半山区，年均温15.0～16.0℃，≥10.0℃有效积温Σ T=4 500.0～5 200.0℃，水稻生长期182～210d，适宜发展稻（油、肥）或中稻—再生稻二熟或麦（油、肥）—玉米—稻三熟。

六、黔西北温凉单季粳稻作区

本区包括毕节、大方、纳雍、水城、赫章、威宁等县及织金县海拔1 400m以上的乡镇。区内土多田少，稻田面积仅占全省稻田面积的4.3%，约为7.1万hm^2，占本区耕地面积的10.8%，水稻总产占本区粮食总产的14.0%左右。

本区处于云贵高原的主体部分，是贵州最高地区，也是乌江发源地、北盘江上游。除威宁、赫章西南面保留有比较完整高原面外，其余地区因河流深切，地面破碎；相对高差大约300～700m，地带性土壤为黄壤、黄棕壤。稻田多为黄泥，部分大眼泥，自然肥力高，但速效养分低，水稻主要分布在海拔1 300～1 950m地带，据调查威宁2 000m处为水稻分布上限。气候特点是：春暖迟，秋寒早，夏季温凉；年均温11.0～14.0℃，≥10.0℃有效积温2 500.0～4 000.0℃，日均温稳定≥10.0℃的初日在4月上、中旬，≥20.0℃终日在7月下旬至8月上旬，水稻生长期100～150d，为保证水稻安全齐穗，播种应提早到3月中、下旬，采用保温育秧。年降水量816～1 300mm，春旱较重，夏季较湿润，部分地区有夏旱，由于水土流失严重，加上雹灾、冷害，水稻产量不稳定，但日照多，年日照时数1 360～1 790h，水稻生长期内的太阳辐射量314.0～334.9kJ/cm^2，高产潜力大。本区以一季中熟粳稻为主，海拔1 300m以下为中熟或早熟籼稻。稻田复种指数最低，应大力改变生产条件，发展稻—绿肥（油、麦、芋）两年三熟制，选用早熟高产耐低温品种。

第二节　贵州省水稻品种改良历程

贵州省水稻品种改良大致可分为五个阶段，每个阶段的品种改良都有本地品种和引进品种，水稻产量也在波动中逐步提高。一是地方品种收集利用阶段（1949年前），水稻产量很低，平均产量低于3 000kg/hm^2。二是地方品种系统育种与引种阶段（1949—1963年），水稻平均产量上升到3 196kg/hm^2，其中1957年产量最高达到3 770kg/hm^2。三是高秆品种向矮秆品种过渡阶段（1964—1975年），水稻平均产量为3 408kg/hm^2，1965年最高达到3 832kg/hm^2。四是常规稻育种与杂交稻引种阶段（1976—1987年），水稻平均单产4 175kg/hm^2，1984年最高达到5 220kg/hm^2。五是杂交稻育种阶段（1988—2014年），水稻平均单产5 830kg/hm^2，2008年最高达到6 672kg/hm^2（表2-1）。

表2-1　贵州省不同时期水稻产量水平

品种改良阶段	发展阶段	平均产量（kg/hm^2）	最高产量（kg/hm^2）
1949年以前	地方品种收集利用阶段	<3 000	3 360
1949—1963年	地方品种系统育种与引种阶段	3 196	3 770
1964—1975年	高秆品种向矮秆品种过渡阶段	3 408	3 832
1976—1987年	常规稻育种与杂交稻引种阶段	4 175	5 220
1988—2013年	杂交稻育种阶段	5 830	6 672

一、地方品种收集利用阶段（1949年以前）

1905年贵州省立农事试验场成立，1929年该场成立作物部，1930年即开展水稻品种试验。1938年成立贵州省农业改进所，1939年起，该所在中央农业实验所驻黔许多著名专家如沈宗瀚、沈骊英、庄巧生等带动下，组织专业人员引进省外品种、征集本省各地籼粳糯良种，进行了籼稻品种比较试验、籼稻区域试验、籼稻优良纯系比较试验和粳稻品种比较试验等一系列试验，于1940年鉴选出郎岱金包银地方良种。1938—1939年在大量采选单穗基础上，进行了纯系育种，于1944年前后，先后选育出黔农2号、黔农28、黔纯365和黔纯2363等中籼品种。1945—1949年，以地方品种为基础，通过集体选种，选育出黔农35白糯和黔农55黑糯品种，从浙江大学留存的稻种资源中鉴选出黔浙46等品种，这些品种不仅可以增产10.0%～30.0%，而且具有成熟时不脱粒、耐旱、不易倒伏等优点，很快覆盖全省多地，受到广大农民的欢迎。

二、地方品种系统育种与引种阶段（1949—1963年）

贵州省农业试验场（后改为贵州省综合农业试验站，即贵州省农业科学院前身）先后收集水稻材料数以千计，进行整理、鉴定归并。贵州省生产上种植的水稻品种为高秆大穗类型的中稻品种。农村土地改革之后，农民生产积极性高涨，施肥量增加，水稻倒伏问题突出，急需耐肥、抗倒的品种。贵州省综合农业试验站将保留的水稻品系材料在较高肥力栽培条件下进行比较筛选，1953年鉴选出黔农5782品种，该品种耐肥抗倒，较地方良种和原推广品种增产15.0%～30.0%，为当时水稻良种中最宜于密植及丰产栽培的品种。1956—1958年从原有保存材料中鉴选出中粳稻农育1744（亲缘不详，拟为台湾中粳稻血统），该品种秆韧抗倒，抗病，米粒透明，无腹白，比对照品种增产32.2%～53.6%，一般产量7 500kg/hm^{2}左右，最高可达8 300kg/hm^2，宜种植在海拔300（如赤水、铜仁、榕江等温热地区）～1 500m（如毕节）地区，1962年在省内46个县市推广，面积超过2 000hm^2。1953年开始水稻推广品种引种工作，曾经引进鉴选出胜利籼和万利籼，但未推广利用。引进的川大粳稻、西农175粳稻在黔中及黔西北稻区推广利用。此外，前黔南州农业试验站从浙江一带引进牛毛黄粳和粳185等品种，安顺地区农业科学研究所引进台北8号和台中31等品种，在生产上得到推广。

三、高秆品种向矮秆品种过渡阶段（1964—1975年）

这一阶段贵州水稻品种改良的重点是继续从地方品种中筛选优良品种，同时引进当时矮秆优良品种，实现了水稻品种由高秆到矮秆的转变。20世纪60年代中期，黔南州农业科学研究所从黔农5728中选育出101、102和105等优良品系，贵州农学院从粳稻椿椿谷中选出贵农1号糯稻。1964年，贵州省引进了广西的矮秆籼稻矮仔粘和广东的珍珠矮、广场矮系统，其后又相继引入了广二矮系统、二九青、圭陆矮、先锋1号、广解9号、广陆矮4号、广选3号、南特粘系统等。1966年原黔南州罗甸农业科学研究所从广二矮3号中选出变异株，育成了广三选六，是贵州省第一个矮秆籼稻品种，1975年被南方稻区区域试验会议列为第一批推荐良种，也是贵州省第一个通过南方稻区区域试验的品种。其后，黔东南州农业科学研究所从八四矮二二五中选出凯中1号，贵州省农业科学院水稻研究所从珍珠矮中选育出黔育272。通过杂交选育出毕粳7号、罗甸5号、广文5号，用^{60}Co辐射IR20育成了强力1号等品种。

四、常规稻育种与杂交稻引种阶段（1976—1987年）

这一阶段，以杂交育种为主，结合辐射诱变育种和花培育种等形式，育种的资源利用和育种方法更广泛和多样。杂交育种方式主要有两种：一是以已经推广的优良品种为亲本，进行杂交选育；二是以国内外引进优良品种和省内已经推广的优良品种为亲本，开展杂交育种。这一时期开展水稻育种的单位主要有贵州省农业科学院水稻研究所、贵州农学院以及贵阳、安顺、贵定、罗甸、凯里、兴义、铜仁、遵义和毕节等地农业科学研究所。通过杂交育种培育出了广文10号、凯中2号、黔南粘1号、兴育873、铜籼1号、遵籼3号、毕粳80、贵农糯1号、安粳698、黑糯93等品种，通过辐射育种培育出了秋辐1号、粳糯78-1、毕辐2号等品种，通过花粉育种培育出了黔花1号。这一时期培育的优质稻有金麻粘、银桂粘、光辉等品种，1986年金麻粘、光辉获农牧渔业部优质农产品奖。除贵州省培育的品种外，还引进推广了省外多个常规水稻品种，如珍珠矮、农垦58、桂朝2号、湘东等，其中桂朝2号1987年种植面积达到13万hm^2，珍珠矮和湘东超过7万hm^2。

这一阶段中国实现杂交水稻三系配套。贵州省自1976年开始种植第一代杂交水稻组合如南优2号、南优6号、矮优2号。1979年南优2号种植面积超过6万hm^2，南优6号种植面积超过2万hm^2。这些组合优势强，但耐冷性差，结实率低。1980年开始种植第二代杂交水稻组合汕优2号、汕优6号、威优2号、威优6号组合。到20世纪80年代中前期汕优2号种植面积超过7万hm^2，威优2号面积超过3万hm^2。这些组合优势强，但不抗稻瘟病。自1985年前后引进汕优63、威优64等第三代优良抗病高产适应性强的组合后，贵州省杂交稻种植面积从1987年开始迅速扩大。

五、杂交稻育种阶段（1988—2013年）

随着三系优良杂交稻汕优63、威优64等组合在贵州省推广应用面积迅速扩大，贵州省农业科学院水稻研究所于1988年在全省率先实现了以杂交稻新组合选育为主的方向性转变，随后全省都开展了杂交水稻育种。在常规育种技术基础上，分子标记辅助育种等技术得到应用，育种水平进一步提高。三系杂交稻和两系杂交稻取得突破性进展。1992年早熟杂交水稻组合威优481通过贵州省农作物品种审定委员会审定，这是贵州省培育通过审定的第一个杂交稻新品种，1998年第一个迟熟杂交水稻品种I优4761通过贵州省农作物品种审定委员会审定。优质两系杂交稻两优363于2003年通过国家农作物品种审定委员会审定，也是贵州省第一个通过国家级审定的两系杂交稻组合。贵州省第一个杂交粳稻毕粳杂2035于2010年通过贵州省农作物品种审定委员会审定。黔南优2058和金优785分别于2006年和2012年被认定为超级杂交稻。

经过“八五”至“十二五”水稻攻关，贵州省杂交水稻育种取得了快速发展。这一时期育种力量主要集中在三系杂交稻上，呈现出产量持续提高、稻瘟病抗性和耐冷性得到加强、品质逐步改善的特点。截至2013年，全省共有3个三系不育系和5个两系不育系、78个杂交水稻新品种通过国家或省级农作物品种审定委员会审定。其中早熟杂交稻品种31个，包括三系早熟杂交稻品种如威优481、金优467、香早优2017等和两系早熟杂交稻品种黔香优2000；迟熟杂交稻品种47个，包括三系迟熟杂交稻品种I优4761、黔优18、汕优联合2号、黔优联合9号、黔优88、益农一号、凯优106、健优388、岗优608等和两系迟熟杂交稻品种陆两优106、两优456、黔两优58等。与此同时还引进了冈优12、汕优多系1号、岗优22、晚3系列、金优系列等优良组合，实现了贵州省杂交水稻组合的第四次更新。进入2000年后，贵州省杂交水稻推广的格局仍然是多系列多类型杂交稻组合并存的局面，但系列更多。目前省内外育成的杂交水稻品种种植面积近60万hm^2，占贵州省水稻总种植面积的80.0%左右。

参考文献

陈文强，石帮志，周乐良，等，2008. 水稻三系不育系G98A的选育[J]. 贵州农业科学，36(5): 14-15.

贵州农业改进所，1994. 贵州省农业科学院院史[M]. 贵阳：贵州人民出版社.

黄宗洪，陈锋，向关伦，等，2002. 恢复系4761及其配组I优4761的耐寒性[J]. 贵州农业科学，30(增刊): 3-4.

黄宗洪，王际凤，向关伦，等，2006. 贵州两系法优质杂交水稻育种进展[J]. 贵州农业科学，34(6):124-128.

廖昌礼，1987. 贵州省水稻品种改良工作的回顾与展望[J]. 贵州农业科学(1): 42-47.

鹿占黔，陈祖国，陈家兴，等，2014. 强抗寒性稳产高产型杂交水稻早熟新品种安优08的选育[J]. 种子，33(3): 106-107.

王际凤，2003. 贵州山区杂交水稻育种目标、技术路线与实践[J]. 杂交水稻，18(1): 13-14.

杨昌达，2010. 贵州稻作[M]. 贵阳：贵州科技出版社.

余显权，2002. 贵州水稻超高产育种目标及实现途径探讨[J]. 种子 (4): 46-47.

张时龙，余本勋，何友勋，等，2011. 杂交粳稻新组合毕粳杂2035的选育[J]. 贵州农业科学，39(4): 15-16.

周乐良，汤鸿钧，伍祥，等，2005. 杂交水稻恢复系Q431选育及其组合金优431优异性分析[J]．种子，24(2): 80-84.

周维佳，王际凤，姜萍，等，2002.“秋风”对贵州中高海拔稻区杂交稻的影响及其对策[J]. 杂交水稻，17(4): 41-43.

朱速松，施文娟，张玉珊，等，2010. 利用分子标记辅助选择选育中等直链淀粉含量的籼型三系不育系H22A[J]. 杂交水稻，25(1): 9-12.

第三章
品种介绍

第一节　常规籼稻

安优粘（Anyouzhan）

品种来源：贵州省安顺市农业科学研究所从杂交水稻组合汕优桂41中经多代定向定型系统选育而成。1997年通过贵州省安顺地区农作物品种审定委员会审定，审定编号为统一编号1997003。

形态特征和生物学特性：属早熟籼型常规稻。全生育期151.6d，株高90.0cm，分蘖力较强，株型聚散适中，茎秆较粗壮，叶片挺立，叶色青绿，着粒密度中等。有效穗数337.5万穗/hm^2，穗长20.4cm，穗粒数89.9粒，结实率86.7%。千粒重27.9g。

品质特性：糙米粒长7.6mm，糙米长宽比3.4，糙米率74.6%，精米率65.3%，垩白粒率2.2%，垩白度7.3%，透明度1.0级，碱消值6.0级，胶稠度96.0mm，直链淀粉含量19.3%，糙米蛋白质含量9.9%。米质较优。

抗性：抗苗期稻瘟病，中抗穗期稻瘟病，苗期和孕穗期耐冷性较强，耐旱能力中等。

产量及适宜地区：1993—1994年参加贵州省安顺市水稻区域试验，两年平均产量7 924.3kg/hm^2；1994—1995年参加生产试验，平均产量6 877.1kg/hm^2。最大年(2000)推广面积1万hm^2，1997—2009年累计推广面积8万hm^2。适宜贵州黔中稻区种植。

栽培技术要点：播种时进行种子处理，以控制恶苗病发生，注意防治稻瘟病。

大粒香（Dalixiang）

品种来源：贵州省农业科学院水稻研究所以R36/5739//IR54/306为杂交组合选育而成。

形态特征和生物学特性：属籼型常规稻。全生育期150.0d，株高98.0cm。有效穗数270.0万穗/hm^2，穗粒数120.0粒，结实率80.0%。千粒重27.0g。

品质特性：糙米粒长7.7mm，糙米长宽比2.7，糙米率82.5%，精米率74.8%，整精米率57.1%，垩白粒率10.0%，垩白度8.0%，透明度1.0级，碱消值6.5级，胶稠度80.0mm，直链淀粉含量15.0%，糙米蛋白质含量8.8%，达国标一级优质米标准。

抗性：感稻瘟病，苗期耐冷性中等，孕穗期耐冷性较强。

适宜地区：累计推广面积超过3万hm^2。可在贵州省海拔1 200m以下地区种植，贵州省外双季稻区可作晚粳栽培。

栽培技术要点：播种前进行种子消毒。病虫防治以预防为主，重点防控恶苗病、稻瘟病。栽培上强调旱育稀植，切不可抛秧，移栽前一次性施用耙面肥，根据土壤肥力施过磷酸钙750 ~ 1 500kg/hm^2、尿素150.0 ~ 225.0kg/hm^2、氯化钾150.0 ~ 225.0kg/hm^2。田间管水以浅水为主，干湿交替，建议晒田2 ~ 3次，以利扎根、降低田间湿度、减少病虫害。

光辉（Guanghui）

品种来源：贵州省农业科学院水稻研究所用黄壳美国稻选育而成的一个中籼品种。1986通过贵州省农作物品种审定委员会审定，审定编号为黔稻19号。

形态特征和生物学特性：属籼型常规稻。分蘖力较强，茎秆较坚硬，籽粒细长形，颖壳薄，有芒，芒红色、质地坚硬，米质呈半透明，外观品质较好，米饭柔软、有光泽。千粒重21.0g。

品质特性：糙米率73.0%。

抗性：抗倒伏。

产量及适宜地区：一般产量4 500 ~ 5 250kg/hm^2，适于云、贵、川等地种植。

栽培技术要点：适期播种，稀播壮秧，适龄移栽，合理密植，科学施肥管水，合理施肥是高产的重要保证。

广三选六（Guangsanxuanliu）

品种来源：贵州省黔南州罗甸农业科学研究所从广二矮3号中选育成，1979年通过贵州省农作物品种审定委员会审定，审定编号为黔稻9号。

形态特征和生物学特性：属籼型常规稻。全生育期150.0d，株高98.0cm，分蘖力强，株型较紧凑，叶片较厚、窄长、偏直立，无芒。有效穗数315.0万穗/hm^2，穗粒数180.0粒，结实率85.9%。千粒重23.0g。

品质特性：糙米率76.0%以上，米质中等。

抗性：抗白叶枯病及稻穗瘟，孕穗期耐冷性较强。

产量及适宜地区：在南方稻区晚稻区域试验中平均产量7 125.0kg/hm^{2}以上，名列前茅。适宜双季稻区作晚稻种植。

栽培技术要点：适合低热地区种植。严格掌握播种期，作一季栽培，宜于清明前后播种，秧龄30 ~ 35d；作双季晚稻栽培，在低热地区于5月底6月初播种，7月上中旬移栽，秧龄30 ~ 40d。行穴距20.0cm×(13.3 ~ 16.7)cm，栽插密度30.0万穴/hm^{2}左右，每穴2 ~ 3苗，争取成穗数450.0万/hm^{2}左右。底肥宜施足，追肥掌握前重后轻。中期适当晒田，注意防治白叶枯病。

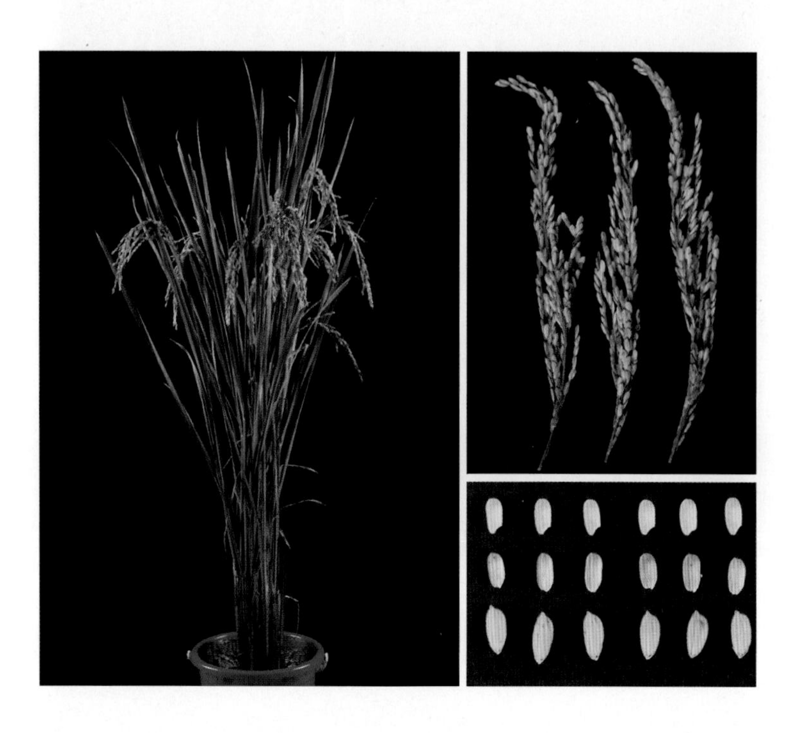

广文10号（Guangwen 10）

品种来源：贵州省农业科学院水稻研究所以广选3号/文陆1号为杂交组合选育而成。

形态特征和生物学特性：属中熟籼型常规稻。全生育期152.0d，株高90.0cm，分蘖力强，茎秆较细，叶片窄而挺，叶色较深，颖壳色较暗黄，颖尖无色，无芒，米色白偏暗，多穗型。穗粒数80.0～85.0粒。千粒重25.0g。

抗性：中抗苗期和穗期稻瘟病，对穗颈稻瘟病的抗性较差。苗期耐冷性中等，孕穗期耐冷性较强。

产量及适宜地区：1975—1977年参加贵州省中籼良种联合区域试验，1976年开始在贵州省内试种推广，能较好地适应贵州冷热多变的气候。在海拔900～1 300m的地区，不论一熟田或稻麦、稻油两熟田，都比当地品种增产显著，大面积产量6 000.0～6 750.0kg/hm^2，高产田产量7 500.0kg/hm^{2}以上。1978年在安顺麦收田种植0.40hm^2，平均产量9 265.5kg/hm^2。曾在贵州省遵义、息烽、金沙、黔西、普定、清镇、修文、织金等县大面积推广。1980年共推广种植面积1万hm^{2}左右。

栽培技术要点：宜肥田栽培，有利多穗高产；老泡冬田及黄泥瘦田，基肥中宜加施磷肥。在稻瘟病严重区，施肥以能促进稳健为原则，避免生育中后期猛加氮肥。一般密度为20.0cm×16.7cm，肥力充足而插秧较早的可栽23.3cm×16.7cm，每穴3～4苗。适栽秧苗高度为23.3cm左右。

广文5号（Guangwen 5）

品种来源：贵州省农业科学院水稻研究所以广选3号/文陆1号为杂交组合选育而成。1979年通过贵州省农作物品种审定委员会审定，审定编号为黔稻7号。

形态特征和生物学特性：属中熟籼型常规稻。全生育期155.0d，株高85.0 ~ 95.0cm，分蘖力较弱，茎秆较粗，叶片宽大，叶色较淡，颖壳正黄而光洁，颖尖无色，无芒，米色纯白，腹白较小，碎米少，大穗型。穗粒数100.0粒，结实率85.0%。千粒重26.0g。

品质特性：糙米率74.0% ~ 76.0%，米色纯白，腹白较小，碎米少，品质中上等。

抗性：中抗苗期和穗期稻瘟病，苗期耐冷性中等，孕穗期耐冷性较强。

产量及适宜地区：1975—1977年参加贵州省中籼良种联合区域试验，1976年开始在贵州省内试种推广，能较好地适应贵州冷热多变的气候。在海拔900 ~ 1 300m的地区，不论一熟田或稻麦、稻油两熟田，都比当地品种增产显著，大面积产量6 000.0 ~ 6 750.0kg/hm^2，高产田产量7 500.0kg/hm^{2}以上。曾在贵州省遵义、息烽、金沙、黔西、普定、清镇、修文、织金等县大面积推广。

栽培技术要点：耐肥性一般，不宜种在高肥田，以免生长过于繁茂、叶面积过大而郁闭，空壳增多，不利于丰产。一般密度为20.0cm × 16.7cm，肥力充足而插秧较早的可栽23.3cm × 16.7cm，每穴3 ~ 4苗。适栽秧苗高度为23.3cm左右。不栽超龄老大秧苗，以免影响本田分蘖。

贵辐籼2号（Guifuxian 2）

品种来源：贵州省农业科学院综合研究所用长芒优质稻83-231经^{60}Co辐射选育而成。1992年通过贵州省农作物品种审定委员会审定，审定编号为黔品审第89号。

形态特征和生物学特性：属籼型常规稻。全生育期144.0d，株高90.0cm，分蘖力较强，株型紧凑，茎秆粗壮，叶片直立、中宽，剑叶挺立，叶色绿，根系发达，籽粒长形，颖壳黄色，多数无芒，成穗率较高。有效穗数375.0万穗/hm^2，穗长21.2cm，穗粒数90.0粒，结实率82.0%。千粒重33.0g。

品质特性：糙米粒长7.2mm，糙米长宽比3.1，糙米率80.3%，精米率71.8%，整精米率60.8%，垩白粒率9.0%，胶稠度53.0mm，直链淀粉含量19.6%，糙米蛋白质含量10.6%。

抗性：抗倒性强，中抗穗颈瘟，较耐旱耐涝。

产量及适宜地区：1988年参加优质稻区域试验，平均产量5 931.0kg/hm^2，比对照广二矮104减产4.5%；1990年平均产量8 220.0kg/hm^2，比对照减产3.6%，差异不显著。1990年在贵阳、平塘进行生产试验，平均产量分别为8 850.0kg/hm^{2}和7 822.5kg/hm^2，比广二矮104增产15.7%和减产1.7%，1991年在贵阳、遵义进行生产试验，产量分别为6 106.5kg/hm^{2}和7 242.0kg/hm^2，比广二矮增产9.3%和12.2%。适于贵州省中高海拔地区中等肥力稻田，与贵州条件相类似的外省亦可种植。

栽培技术要点：适时播种，培育壮秧，一般在4月20日左右播种，秧田播种600.0kg/hm^{2}左右。适时移栽、合理密植，一般5月下旬至6月初移栽，一般密度20.0cm × 17.0cm，每穴2～3苗。施足底肥，早追肥，注意氮、磷、钾肥配合施用，忌后期过量偏施氮肥，以防贪青。注意加强田间管理和病虫害防治。

金麻粘（Jinmazhan）

品种来源：贵州省农业科学院水稻研究所以（黎明/圭630）B_3F_4//遵7201为杂交组合选育而成。1986年通过贵州省农作物品种审定委员会审定，审定编号为黔稻18号。

形态特征和生物学特性：属籼型常规水稻。全生育期150.0d，株高98.0cm，叶鞘绿色。有效穗数270.0万穗/hm^2，穗粒数120.0粒，结实率80.0%。千粒重27.0g。

品质特性：糙米粒长7.5mm，糙米长宽比3.0，糙米率80.9%，精米率71.8%，整精米率56.3%，碱消值7.0级，胶稠度80.0mm，直链淀粉含量18.1%，蛋白质含量9.0%。米质达国标一级优质米标准。

抗性：中抗苗期和穗期稻瘟病，苗期耐冷性中等，孕穗期耐冷性较强。

产量及适宜地区：适宜在贵州省中迟熟稻区作中稻种植，稻瘟病多发、重发区慎用。

栽培技术要点：适时早播，一般以4月上旬播种为宜；采取旱育秧和两段育秧；多株浅植，22.5万～27.0万穴/hm^2；施足底肥，巧施穗肥和粒肥，穗期适施叶面肥，但防止偏氮；以浅水和湿润浇灌为主，中期可轻度晾晒，后期忌断水过早，争取青秆蜡叶黄熟；及时防治病虫；完熟收获，不能暴晒。

凯香1号（Kaixiang 1）

品种来源：贵州省黔东南州农业科学研究所以丰香丝苗/胜优2号//蜀恢527为杂交组合选育而成。2006年通过贵州省农作物品种审定委员会审定，审定编号为黔审稻2006012。

形态特征和生物学特性：属籼型常规水稻。全生育期155.0d，株高108.0cm，后期熟色好，产量高。有效穗数253.5万穗/hm^2，穗长24.7cm，穗粒数211.5粒，结实率86.0%。千粒重27.5g。

品质特性：糙米粒长6.7mm，糙米长宽比2.9，糙米率81.0%，精米率73.2%，整精米率60.4%，垩白粒率10.0%，垩白度1.6%，透明度1.0级，碱消值6.9级，胶稠度63.0mm，直链淀粉含量14.6%，糙米蛋白质含量8.2%。米饭香软，饭粒富有油色，冷饭不返生，香味浓米质优。米质达国标一级优质米标准。

抗性：感苗期稻瘟病，中感穗期稻瘟病，中抗白叶枯病，中感褐飞虱和白背飞虱，苗期和孕穗期耐冷性中等，耐旱和耐盐能力中等。

产量及适宜地区：2003—2004年参加区域试验，平均产量8 050.5kg/hm^2，比对照增产24.4%。2009年在云南永胜县涛源水稻超高产科技示范场进行适应性及高产潜力鉴定，单产达16 864.5kg/hm^2，是籼型常规稻产量首次突破16 500.0kg/hm^{2}的优质高产品种。最大年（2009）推广面积2.4万hm^2，2006—2010年在贵州黔东南累计推广种植面积6万hm^2。适宜中低海拔范围内（700m以下）大面积示范推广，稻瘟病重发区慎用。

栽培技术要点：适期早播，一般于4月上中旬播种。采用两段育秧、旱育秧或稀播湿润育秧，秧龄30～35d移栽。宽行窄株或宽窄行栽插，行穴距（21.0～26.0）cm×（16.0～20.0）cm，栽插密度18.0万～22.5万穴/hm^2，每穴2苗。施有机肥22 500.0kg/hm^2、钙镁磷肥750.0kg/hm^{2}和复合肥750.0kg/hm^{2}作底肥。早施分蘖肥，栽秧后5～7d施尿素75kg/hm^{2}作蘖肥。分蘖中期追施氯化钾375.0kg/hm^2，倒5叶追施尿素150.0kg/hm^2，倒三叶追施尿素75.0kg/hm^{2}作穗肥，齐穗后补施尿素30.0kg/hm^{2}作粒肥。浅水促蘖，茎蘖数达270万～300万/hm^{2}时晒田控苗。孕穗拔节期保持深水层。后期干湿交替促进灌浆。

凯中1号（Kaizhong 1）

品种来源：贵州省黔东南州农业科学研究所从八四矮63变异株中系谱法选育而成。1977年通过贵州省农作物品种审定委员会审定，审定编号为黔稻5号。

形态特征和生物学特性：属迟熟籼型常规稻。全生育期140.0d，株高100.0cm，分蘖力中等，株型紧凑，植株生长整齐，成熟一致，呈青枝蜡秆状，落色好，无早衰现象，叶片宽厚直立，叶色深绿，籽粒扁圆形，颖尖紫色，无芒，后期熟色好，米质中等，食味品质较好。穗长23.9cm，穗粒数149.0粒，结实率85.0%。千粒重29.0g。

品质特性：糙米率83.4%，淀粉含量70.2%，糙米蛋白质含量8.3%，脂肪含量2.1%。

抗性：中抗白叶枯病，高抗褐飞虱和白背飞虱，苗期和孕穗期耐冷性较强，耐旱能力中等。

产量及适宜地区：1973年参加省区域试验，平均产量6 762.0kg/hm^2，比对照品种珍珠矮和川大粳增产14.2%。1974年参加省区域试验，示范平均产量7 050.0kg/hm^2，最高产量达9 079.5kg/hm^2，比珍珠矮和当地良种增产16.8%和22.5%，在贵州省区域试验试点中，平均产量7 576.5kg/hm^2，比对照品种珍珠矮增产15.3%。该品种在贵州省累计推广种植面积20万hm^2，适宜海拔1 000m以下地区种植。

栽培技术要点：一般作一季中稻栽培，低热地区也可作双季稻栽培。掌握适期播种，以培育带蘖嫩壮秧，秧龄35d左右。施肥要求重施有机底肥，追肥宜前期重追，以促进早生快发。分蘖期达到计划苗数后，有水源灌溉的应放水晒田，以抑制无效分蘖，增强抗逆能力。后期断水不宜过早。要重视对纹枯病的防治。

凯中2号（Kaizhong 2）

品种来源：贵州省黔东南州农业科学研究所从创女种中系谱法选育而成。1979年通过贵州省农作物品种审定委员会审定，审定编号为黔稻12号。

形态特征和生物学特性：属晚熟籼型常规稻。全生育期135.0d，株高86.0cm，分蘖力中等，抽穗整齐，成熟一致，无早衰现象，籽粒多数无芒，米质中等。有效穗数268.5万穗/hm^2，穗长23.0cm，穗粒数150.0粒，结实率81.0%。千粒重26.7g。

品质特性：糙米粒长7.5mm，糙米长宽比3.0，糙米率78.5%，精米率75.8%，整精米率46.5%，垩白粒率83.0%，垩白度5.1%，透明度2.0级，碱消值7.0级，胶稠度58.0mm，直链淀粉含量25.5%，达国标三级优质米标准。

抗性：中抗白叶枯病，高抗褐飞虱和白背飞虱，苗期和孕穗期耐冷性较强，耐旱能力中等。

产量及适宜地区：一般产量6 000.0kg/hm^2左右，高的达8 250.0kg/hm^2。在贵州省累计推广面积2万hm^2。最大年（1981）推广面积0.4万hm^2，适宜海拔1 000m以下地区种植。

栽培技术要点：采用两段育秧，培育多蘖壮秧。栽插密度16.5万穴/hm^2，每穴2苗。在施足底肥的基础上早施追肥，促进分蘖早生快发，在栽秧5 ~ 7d后第一次追施尿素150.0 ~ 180.0kg/hm^2，同时施除草剂防除杂草。在幼穗分化抽穗扬花期补施穗粒肥。前期注意预防稻卷叶螟。分蘖、孕穗期各预防稻瘟病1 ~ 2次。后期注意稻飞虱的防治。

黔花1号（Qianhua 1）

品种来源：贵州省黔南州罗甸农业科学研究所以汕优2号花粉育株选育而成。1979年通过贵州省农作物品种审定委员会审定，审定编号为黔稻10号。

形态特征和生物学特性：属籼型常规稻。全生育期146.0d，株高95.0cm。有效穗数319.5万穗/hm^2，穗长21.8cm，穗粒数158.2粒，结实率78.0%。千粒重23.8g。

抗性：高抗穗瘟病。

产量及适宜地区：产量6 375.0kg/hm^{2}左右，最高可达8 250.0kg/hm^{2}以上，适宜在海拔1 100m以下地区推广。

栽培技术要点：同一般常规稻。

黔花458（Qianhua 458）

品种来源：贵州省黔南州农业科学研究所以黔南占8号/蜀丰1号为杂交组合的F_3代选系用花培方法于1980年育成。1984年在贵州省作为新技术育成品种加以推广。

形态特征和生物学特性：属晚熟籼型常规稻。全生育期155.0d，株高105.0cm。有效穗数255.0万穗/hm^2，穗长21.5cm，穗粒数120.0粒，结实率85.0%。千粒重28.0g。

品质特性：属中高直链淀粉含量品种。品质中上。

抗性：耐肥不耐瘠，感稻穗瘟病。

产量及适宜地区：宜在中上等肥力的坝区稻田种植。在黔西南州、毗邻的云南及四川部分地区有一定种植面积。最大年（1988）推广面积达到0.5万hm^2，累计推广面积约5万hm^2。

栽培技术要点：因分蘖力较弱，宜适当密植，增加每穴用秧基数。嫩壮秧早栽浅插，早施分蘖肥。后期适量施用穗肥。

黔恢15（Qianhui 15）

品种来源：贵州省农业科学院水稻研究所以1155（东乡野生稻/75P12厚叶稻//云南滇渝1号）/黔恢481为杂交组合选育而成。2000年通过贵州省农作物品种审定委员会审定，审定编号为黔品审第217号。

形态特征和生物学特性：属中熟籼型常规稻。全生育期155.0d，株高100.0cm，分蘖力中等，株型较好，后期熟色好，米质较好，成穗率高。有效穗数285.0万穗/hm^2，穗粒数100.0粒，结实率85.0%。千粒重27.0g。

品质特性：糙米粒长6.2mm，糙米长宽比2.7，糙米率84.0%，精米率74.5%，整精米率50.2%，垩白粒率65.0%，垩白度7.0%，透明度2.0级，碱消值4.2级，胶稠度80.0mm，直链淀粉含量15.2%，糙米蛋白质含量9.7%。

抗性：中抗苗期和穗期稻瘟病，苗期耐冷性中等，孕穗期耐冷性较强。

产量及适宜地区：1996—1997年参加省区域试验，平均产量7 942.5kg/hm^2，比对照桂朝2号增产8.7%。生产试验，1998年平均产量8 592.0kg/hm^2，比对照桂朝2号增产11.9%；1999年平均产量8 467.5kg/hm^2，比对照汕优晚3增产3.9%。可在贵州省海拔900～1 200m的水稻适种地区种植。

栽培技术要点：适时稀播，培育壮秧，秧田用种量60～120kg/hm^2；合理密植，栽插密度22.5万～30.0万穴/hm^2，根据田块肥力情况，采用26.7cm×16.7cm、23.3cm×16.7cm或20.0cm×16.7cm规格栽插；施足基肥，早施分蘖肥；及时防治病虫害。

黔育272（Qianyu 272）

品种来源：贵州省农业科学院水稻研究所以“珍珠矮”天然杂交株选育而成。1979年通过贵州省农作物品种审定委员会审定，审定编号为黔稻8号。

形态特征和生物学特性：属中熟籼型常规稻。全生育期135.0d，株高100.0cm，株型聚散适中，叶片窄长而上举，剑叶及其下位第一叶较窄，中位叶略长，颖壳正黄色，颖尖无色，偶有短芒，穗小粒小，穗长中等，着粒较稀。穗粒数80.0～90.0粒，结实率85.0%以上。千粒重25.0 g。

品质特性：糙米率76.0%，米质中等，涨饭性好。

抗性：茎秆软易倒伏，较抗稻瘟病和纹枯病，不抗白叶枯病，耐旱性强。

产量及适宜地区：1977年参加省区域试验，1978年参加南方稻区区域试验，产量7 500.0kg/hm^{2}以上，比珍珠矮增产10.0%～15.0%。大面积产量6 000.0～6 750.0kg/hm^2，高的可达7 500.0kg/hm^{2}以上。适合贵州省海拔500～1 200m的地区种植。

栽培技术要点：适于中上等肥力田栽培，增施肥料，分蘖前期重追肥，孕穗期看苗补施穗肥。秧龄30d左右，一般密度20.0cm×16.7cm，肥田23.3cm×16.7cm，每穴2～3苗。注意防治白叶枯病。

黔育402（Qianyu 402）

品种来源：贵州省农业科学院水稻研究所以凯中1号/IR26为杂交组合选育而成。1988年通过贵州省农作物品种审定委员会审定，审定编号为黔稻22号。

形态特征和生物学特性：属籼型常规稻。全生育期152.0d，株高110.0cm，分蘖力强，株型紧凑，叶片中宽、直立，叶鞘绿色，根系发达，穗大粒多，成穗率高。有效穗数241.5万穗/hm^2，穗长25.0cm，穗粒数144.1粒，结实率85.7%。千粒重26.4g。

品质特性：糙米粒长7.3mm，糙米长宽比2.7，糙米率79.2%，精米率67.8%，整精米率57.0%，垩白粒率31.0%，垩白度4.0%，透明度1.0级，碱消值6.0级，胶稠度72.0mm，直链淀粉含量17.1%，糙米蛋白质含量7.9%。

抗性：抗苗期稻瘟病，中抗穗期稻瘟病，抗褐飞虱，苗期耐冷性中等，孕穗期耐冷性强。

产量及适宜地区：1983—1984年参加省区域试验，平均产量6 984.1kg/hm^2，比对照品种广二矮增产0.3%。1985年参加生产试验，平均产量6 878.0kg/hm^2，比当地推广品种增产10.3%。最大年（1989）推广面积4万hm^2，1987—1995年累计推广种植面积11万hm^2。适于贵州省作一季中稻及晚稻种植。

栽培技术要点：适时早播早插，一般在清明前后播种，将扬花期安排在当地最佳光温时段，培育多蘖壮秧，综合防治病虫害。

黔育404（Qianyu 404）

品种来源：贵州省农业科学院水稻研究所以桂朝2号/遵籼3号为杂交组合选育而成。1988年通过贵州省农作物品种审定委员会审定，审定编号为黔稻23号。

形态特征和生物学特性：属籼型常规稻。全生育期150.0d，株高96.0cm，分蘖力强，株型紧凑，剑叶略大而直立，大穗型，成穗率较高。穗粒数100.0粒以上，结实率80.0%以上。千粒重26.8g。

品质特性：米质中等，食味品质好。

抗性：耐寒、耐旱、抗病。

产量及适宜地区：1986—1987年大面积生产示范，产量6 540.0 ～ 8 827.5kg/hm^2，采用常规管理措施，一般产量6 000.0 ～ 6 750.0kg/hm^2。在贵州省黔西、金沙、清镇、安顺、平坝、兴仁等县试验，在中低产田上表现出较好的丰产性和适应性。在黔中海拔800 ～ 1 200m地区，推广面积达到3.3万hm^{2}以上。

栽培技术要点：适期早播，培育壮秧。在贵阳地区以清明至谷雨间播种为宜；施足基肥，早施追肥，追肥前重中轻，后期看苗酌情补肥；合理密植，中等肥力田适栽密度20.0cm × 16.7cm，不少于30.0万穴/hm^2，中上等肥力稻田以23.3cm × 16.7cm较好，每穴1 ～ 2苗；加强田间管理，注意防虫除草。

黔育413（Qianyu 413）

品种来源：贵州省农业科学院水稻研究所以菲矮115/5350-3-7为杂交组合选育而成。1988年通过贵州省农作物品种审定委员会审定，审定编号为黔稻24号。

形态特征和生物学特性：属中熟籼型常规稻。感光性和感温性中等。全生育期152.0d，株高100.0cm，分蘖力中等，株型紧凑，茎秆粗壮，叶片直立，下叶外卷，剑叶平张，叶色淡绿，着粒密度中等，米质中等偏上。有效穗数108.0万穗/hm^2，穗长18.6cm，穗粒数113.0粒，结实率82.4%。千粒重27.0g。

品质特性：糙米粒长7.0mm，糙米长宽比3.0，糙米率79.0%，整精米率62.5%，垩白粒率15.0%，垩白度13.5%，透明度2.0级，碱消值6.0级，胶稠度46.0mm，直链淀粉含量26.9%，糙米蛋白质含量6.7%。

抗性：中抗苗期和穗期稻瘟病。

产量及适宜地区：1985—1986年参加贵州省水稻区域试验，两年平均产量6 442.5kg/hm^2。最大年（1990）推广面积2万hm^2，1988—1991年累计推广面积8万hm^2。适宜在贵州稻区作一季中稻种植，海拔700 ~ 1 300m区域内种植。

栽培技术要点：播种时进行种子处理，栽培上注意防治病虫害。

秋辐1号（Qiufu 1）

品种来源：贵州省农业科学院水稻研究所由“秋谷矮”经^{60}Co辐射选育而成。1982年通过贵州省农作物品种审定委员会审定，审定编号为黔稻13号。

形态特征和生物学特性：属中熟籼型常规稻。全生育期143.0 ～ 150.0d，株高91.0cm。颖壳黄色，颖尖无色，无芒。有效穗数268.5万穗/hm^2，穗长17.6cm，穗粒数90.0粒，结实率80.0%。千粒重25.0g。

品质特性：糙米粒长9.5mm，糙米长宽比3.0，糙米率82.1%，精米率73.9%，整精米率48.2%，垩白粒率85.0%，垩白度6.6%，透明度3.0级，碱消值7.0级，胶稠度35.0mm，直链淀粉含量24.9%，糙米蛋白质含量7.1%。

抗性：耐瘠，耐旱力较强，适应性广，中抗苗期和穗期稻瘟病，中抗白叶枯病，孕穗期耐冷性较强。

产量及适宜地区：1974年株系观察，在后期低温条件下，表现青秆黄熟，耐冷性较强。1975年品比产量8 275.5kg/hm^2，居参试品系首位。1976年品比产量7 528.5kg/hm^2，比珍珠矮11增产10.8%。1977年在贵阳试点列入南方区域预备试验，产量8 994.0kg/hm^2，比珍珠矮11增产16.2%；在相同条件下，比汕优2号增产10.7%～ 11.8%。1979年在贵州省区域试验中，海拔254 ～ 1 390m地区表现丰产稳产，一般产量6 750.0kg/hm^{2}左右，在中上等肥力条件下，产量可达7 500.0kg/hm^{2}以上。适于海拔400 ～ 1 100m地区中等以上肥力稻田栽培。

栽培技术要点：播期以4月上、中旬为宜。适栽密度20.0cm × 16.7cm，每穴2 ～ 3苗，栽培措施要因地制宜。主要抓好培育壮秧，适量适时播种，合理密植，施足基肥，适时追肥，追肥应视土壤、气候、苗情而定。在管理上，注意分蘖期和孕穗期看苗补肥，要求促进早发，防止晚发，在积极促进早发的基础上，控制无效分蘖。协调好群体和个体关系，达到壮株足穗。抽穗前15d左右，切忌干旱缺水，注意养根保蘖。其他栽培管理与一般中稻相同。

铜籼1号（Tongxian 1）

品种来源：贵州省铜仁地区农业科学研究所以72-12/patuya//百日早为杂交组合选育而成。1985年通过贵州省农作物品种审定委员会审定，审定编号为黔稻15号。

形态特征和生物学特性：属中熟籼型常规稻。全生育期135.0d，株高95.0cm，分蘖力中等，株型紧凑，茎秆粗壮；叶片窄直，叶色淡绿，垩白度小，米质中等，着粒密度中等。穗粒数120.0粒，结实率90.0%。千粒重24.0g。

品质特性：糙米率80.0%。

抗性：高抗苗期稻瘟病，中抗穗期稻瘟病，中抗白叶枯病，高抗褐飞虱和白背飞虱，苗期和孕穗期耐冷性较强等，耐旱能力中等。

产量及适宜地区：平均产量8 250.0kg/hm^{2}左右。最大年（1988）推广面积2万hm^2，1986—2000年累计推广种植面积10万hm^2。适宜贵州省早熟籼稻区种植。

栽培技术要点：播种时进行种子处理。本田施足底肥，行穴距26.6cm×16.7cm或26.6cm×20.0cm，栽插密度18.0万～22.5万穴/hm^2，每穴3～5苗，生长期间注意防治稻瘟病、纹枯病。

锡贡6号（Xigong 6）

品种来源：贵州省榕江县盛泰农产品开发有限公司从“锡利贡米”中系选而得。2006年通过贵州省农作物品种审定委员会审定，审定编号为黔审稻2006013。

形态特征和生物学特性：属迟熟籼型常规稻。全生育期161.0d，株高120.0cm，株型较好，松散适中，生长旺盛，繁茂性较好，颖壳浅黄色，无芒，熟期转色较好。有效穗数249.0万穗/hm^2，穗长27.4cm，穗粒数155.0粒，结实率81.5%。千粒重24.5g。

品质特性：糙米粒长6.2mm，糙米长宽比2.7，糙米率79.7%，精米率72.1%，整精米率66.1%，垩白粒率5.0%，垩白度0.3%，透明度1.0级，碱消值7.0级，胶稠度68.0mm，直链淀粉含量16.8%，糙米蛋白质含量6.7%。

抗性：高抗苗期和穗期稻瘟病，中抗白叶枯病，中感褐飞虱和白背飞虱，苗期耐冷性中等，孕穗期耐冷性较强，耐旱和耐盐能力中等。

产量及适宜地区：2003年黔东南州区域试验平均产量7 506.0kg/hm^2，比对照锡利贡米增产14.7%，增产达极显著水平；2004年续试平均产量6 769.5kg/hm^2，比对照锡利贡米增产19.2%，增产达极显著水平；两年平均产量7 138.5kg/hm^2，比对照增产16.8%，10个试点全部增产。2004年生产试验平均产量7 129.5kg/hm^2，比对照锡利贡米增产20.2%，5个试点全部增产。最大年（2010）推广面积0.2万hm^2，2006—2012年累计推广面积0.6万hm^2。适宜贵州省东南和南部的高、中、低海拔坝区、半山区、山区种植。

栽培技术要点：清明前后播种。实行旱育稀植、肥床旱育抛栽，培育带蘖壮秧。根据稻田肥力水平，采用宽窄行，宽行窄株或分厢栽插，密度采用26.0cm×19.0cm。分厢栽插工作行应保证33.0 ~ 40.0cm或以上。排水不良的泡冬田和冷烂田应实行半旱式栽培，一般85.0 ~ 100.0cm开厢，垄面60.0 ~ 66.0cm，沟宽26.0 ~ 33.0cm。垄面栽秧4行，穴距16.5cm左右。大田采取早促、中稳、后补的施肥原则，重施底肥，施农家肥15 000.0 ~ 22 500.0 kg/hm^2，优质稻专用配方复合肥和硅钙肥各375.0 ~ 750.0kg/hm^2。看苗追施分蘖肥，播种时进行种子处理，以控制恶苗病发生，注意防治褐飞虱。

锡利贡米（Xiligongmi）

品种来源：贵州省榕江县盛泰农产品开发有限公司以锡利油粘系选育而成。2003年通过贵州省农作物品种审定委员会审定，审定编号为黔审稻2003010。

形态特征和生物学特性：属中迟熟籼型常规稻。感光性较强。全生育期150.0d，株高110.0cm，分蘖力中等，株型紧凑，茎秆粗壮；叶片宽挺，叶色淡绿，着粒密度中等，米质上等。有效穗数249.0万穗/hm^2，穗长23.0cm，穗粒数155.0粒，结实率80.0%。千粒重23.0g。

品质特性：糙米粒长7.2mm，糙米长宽比3.5，糙米率82.1%，精米率71.8%，整精米率45.6%，垩白粒率26.0%，垩白度6.2%，透明度2.0级，碱消值7.0级，胶稠度72.0mm，直链淀粉含量15.6%，糙米蛋白质含量9.7%。

抗性：高抗苗期和穗期稻瘟病，中抗白叶枯病，中感褐飞虱和白背飞虱，苗期耐冷性中等，孕穗期耐冷性较强，耐旱和耐盐能力中等。

产量及适宜地区：黔东南州农业技术推广站2000—2001年在州内榕江、麻江、丹寨、黄平、岑巩、锦屏等县共8个点进行优质米品比试验，两年平均产量6 457.5kg/hm^2，比对照滇屯502增产5.1%。2000—2002年在榕江、锦屏进行生产试验，平均产量7 326.0kg/hm^2，比对照滇屯502增产2.2%。最大年（2011）推广面积0.2万hm^2，2003—2012年累计推广面积0.8万hm^2。适宜贵州省东南和南部的高、中、低海拔坝区、半山区、山区种植。

栽培技术要点：4月5日左右播期，播种时进行种子处理，以控制恶苗病发生，注意防治纹枯病和褐飞虱。实行旱育稀植、肥床旱育抛栽，培育带蘖壮秧。采用宽窄行，宽行窄株或分厢栽插，密度采用23.3cm×13.3cm。分厢栽插工作行应保证33.3 ～ 39.9cm以上。排水不良的泡冬田和冷烂田实行半旱式栽培。大田采取早促、中稳、后补的施肥管理原则。重施底肥，施农家肥15 000.0 ～ 22 500.0kg/hm^2，专用配方复合肥和硅钙肥各375.0 ～ 750.0kg/hm^2。看苗追施分蘖肥。穗粒肥可用磷酸二氢钾看苗补施。实行以浅水返青，湿润促蘖，有水抽穗，干湿催熟，降低湿度，减少病害的水浆管理原则。注意稻瘟病及纹枯病防治，适时早收，在谷粒九成黄熟时收割，减少损失。

兴育831（Xingyu 831）

品种来源：贵州省黔西南州农业科学研究所以红410/I-31为杂交组合选育而成。

形态特征和生物学特性：属中熟籼型常规稻。全生育期150.0d，株高100.0cm，分蘖力中等，田间长势旺，籽粒长卵形，颖尖紫色，偶有短芒。穗粒数125.0粒，穗长20.0cm，结实率90.0%。千粒重36.0g。

抗性：中抗苗期和穗期稻瘟病，中抗白叶枯病，中感褐飞虱和白背飞虱，苗期和孕穗期耐冷性较强。

产量及适宜地区：最大年（1992）推广面积2万hm^2，1989—1995年累计推广种植面积10万hm^2。适宜贵州中海拔地区种植。

栽培技术要点：采取两段育秧或旱育小苗（秧龄不超过30d）浅水栽培，一般每穴2苗，栽插15.0万～22.5万穴/hm^2，根据田块的肥力状况，可采用33.3cm×16.7cm、33.3cm×20.0cm或33.3cm×23.3cm的密度栽插。一般基肥施农家肥15 000.0kg/hm^2和过磷酸钙750.0kg/hm^2左右，追肥尿素225.0kg/hm^2左右。注意适时防治病虫害。中耕2次，并根据不同生育时期及时进行稻田的水层管理。秋后成熟及时收割，防止倒伏和过熟。

兴育873（Xingyu 873）

品种来源：贵州省黔西南州农业科学研究所以黔花458/（圭630/6-10//桂朝2号/6-10）为杂交组合选育而成。1992年通过贵州省农作物品种审定委员会审定，审定编号为黔品审第85号。

形态特征和生物学特性：属早中熟籼型常规稻。全生育期140.0d，株高100.0cm，分蘖力中偏强，株型松散适中，叶色淡绿，籽粒狭长形，颖尖无色，偶有短芒，熟期转色好。穗长20.0cm，穗粒数120.0粒，结实率82.0%。千粒重25.6g。

品质特性：糙米率79.6%，精米率69.3%，垩白粒率30.0%，垩白度10.2%，直链淀粉含量15.4%，糙米蛋白质含量8.2%。

抗性：中抗苗期稻瘟病，中感穗期稻瘟病，中抗白叶枯病，中感褐飞虱和白背飞虱，苗期耐冷性中等，孕穗期耐冷性强，耐旱和耐盐能力中等。

产量及适宜地区：1989年参加贵州省区域试验，平均产量6 925.5kg/hm^2，比对照广二矮104减产1.0%；1990年续试，平均产量8 646.0kg/hm^2，比广二矮104增产1.4%。1990年在兴义市进行生产试验，产量8 625.0kg/hm^2，比对照金麻粘增产32.3%；1991年在兴义市续试，产量7 894.5kg/hm^2，比对照金麻粘增产5.9%。最大年（1995）推广面积10万hm^2，1992—2010年累计推广面积50万hm^2。适于贵州省海拔1 300m以下地区种植。

栽培技术要点：4月中旬播种，湿润秧田育秧，秧田用种量525kg/hm^2，秧龄30～35d。合理密植，行穴距20.0cm×16.7cm，或用宽窄行种植（26.6+13.3）cm×16.7cm，30万穴/hm^2，每穴4～6苗。施足底肥，早施追肥，促进秧苗早生快发，一般施农家肥30 000.0kg/hm^2，磷肥750.0kg/hm^2，秧苗移栽后7d追施尿素180.0～225.0kg/hm^2、钾肥150.0kg/hm^2，以后看苗补肥。抽穗灌浆后保持土壤湿润到黄熟，忌断水过早。在营养生长阶段，要注意防治稻飞虱和稻纵卷叶螟，成熟期注意防治黏虫。

银桂粘（Yinguizhan）

品种来源：贵州省农业科学院水稻研究所以IR2061/湘东天杂321为杂交组合选育而成。1992年通过贵州省农作物品种审定委员会审定，审定编号为黔品审第84号。

形态特征和生物学特性：属中籼型常规稻。全生育期145.0d，株高95.0cm，分蘖力较弱，株型紧凑，叶片挺拔，叶色青秀，不早衰，颖壳黄色，籽粒长形，熟期转色好，颖尖黄色，偶有短芒。有效穗数300.0万穗/hm^2，穗粒数130.0粒，结实率85.0%。千粒重28.0g。

品质特性：糙米粒长7.3mm，糙米长宽比3.3，糙米率79.0%，精米率72.6%，整精米率67.8%，胶稠度93.0mm，直链淀粉含量18.5%，糙米蛋白质含量7.5%。

抗性：中抗苗期和穗期稻瘟病，苗期耐冷性中等，孕穗期耐冷性较强。对稻瘟病、白背飞虱有较好的抗性，耐瘠。

产量及适宜地区：1988、1990年参加贵州省优质稻区域试验，平均产量6 952.5kg/hm^2，比对照广二矮104减产5.6%，差异不显著，大面积种植一般产量6 750.0kg/hm^2，最高产量达9 450.0kg/hm^2。适宜贵州省海拔988m以上气候温凉的籼稻地区及省外类似地区作中稻种植。

栽培技术要点：注意适时早播、培育壮秧和早栽插。在贵州中高海拔地区，于4月中下旬播种，5月中下旬移栽，秧龄30d左右为宜，栽插密度20.0cm×30.0cm，作双季稻种植，栽插密度适当增加，每穴1～2苗，秧田和本田施足底肥，追肥宜早，本田中耕及时，浅水灌溉，及时防治病虫害。为防止贪青，后期应尽量不施氮肥，同时对肥田还应尽早排水。

遵籼3号（Zunxian 3）

品种来源：贵州省遵义市农业科学研究所以“洋麻谷/胜矮7号”为杂交组合选育而成。1982年通过贵州省农作物品种审定委员会审定，审定编号为黔稻14号。

形态特征和生物学特性：属迟熟籼型常规稻。全生育期150.0d，株高100.0cm，分蘖力较强，株型紧凑，叶色淡绿，着粒密度中等，麻谷。有效穗数237.0万穗/hm^2，穗长21.0cm，穗粒数120.0粒，结实率85.0%。千粒重23.0g。

品质特性：糙米粒长8.0mm，糙米长宽比2.8，糙米率79.0%，精米率67.5%，整精米率52.3%，糙米蛋白质含量12.2%。

抗性：感苗期和穗期稻瘟病，抗旱力强，不择田，较耐瘠薄。

产量及适宜地区：1977—1981年参加地、省两级区域试验以及大面积栽培试验。最大年（1984）推广面积2.1万hm^2，1983—1988年累计推广面积7.2万hm^2。适宜贵州省海拔1 300m以下地区种植。

栽培技术要点：一般清明至谷雨播种，秧龄40 ～ 45d；中下等田栽插密度30万穴/hm^2，基本苗225万～ 240万苗/hm^2；上等田栽插密度25.5万～ 27.0万穴/hm^2，基本苗180万苗/hm^2；施肥以底肥为主，追肥宜早，栽秧后25d左右全部追肥结束，总追肥量尿素不宜超过225.0kg/hm^2。

第二节　常规粳稻

安粳314（Angeng 314）

品种来源：贵州省安顺市农业科学研究所以晚白米/IR261//密阳23为杂交组合选育而成。1993年通过贵州省农作物品种审定委员会审定，审定编号为黔品审第109号。

形态特征和生物学特性：属中熟粳型常规稻。全生育期165.0d，株高91.4cm，分蘖力强，株型聚散适中，茎秆较粗壮，叶片挺立，叶色淡绿，着粒密度中等。有效穗数312.0万穗/hm^2，穗长19.3cm，穗粒数124.3粒，结实率83.5%。千粒重26.6g。

品质特性：糙米粒长4.9mm，糙米长宽比1.7，糙米率82.7%，精米率74.8%，整精米率72.2%，垩白粒率9.0%，垩白度0.8%，透明度1.0级，碱消值7.0级，胶稠度73.0mm，直链淀粉含量19.1%，糙米蛋白质含量8.9%。

抗性：抗苗期稻瘟病，中抗穗期稻瘟病，抗旱能力中等，苗期和孕穗期耐冷性较强。

产量及适宜地区：1987—1988年参加贵州省粳稻区域试验，两年平均产量4 987.6kg/hm^2；1989年多点生产试验，平均产量4 756.8kg/hm^2。最大年（1998）推广面积3万hm^2，1993—2007年累计推广面积14万hm^2。适宜贵州粳稻区作单季种植。

栽培技术要点：播种时进行种子处理，以控制恶苗病发生，栽培上注意防治稻瘟病和钻心虫。

安粳698（Angeng 698）

品种来源：贵州省安顺市农业科学研究所以Huaciga Yu24/安粳314为杂交组合选育而成。2000年通过贵州省农作物品种审定委员会审定，审定编号为黔品审第233号。

形态特征和生物学特性：属中迟熟粳型常规稻。全生育期170.0d，株高106.8cm，分蘖力强，株型聚散适中，茎秆较粗壮，叶片挺立，叶色淡绿，着粒密度中等，米质中等。有效穗数337.5万穗/hm^2，穗长19.3cm，穗粒数139.2粒，结实率82.8%。千粒重27.0g。

品质特性：糙米粒长4.9mm，糙米长宽比1.7，糙米率83.7%，精米率76.3%，整精米率72.6%，垩白粒率41.0%，垩白度4.2%，透明度1.0级，碱消值7.0级，胶稠度56.0mm，直链淀粉含量19.1%，糙米蛋白质含量8.0%。

抗性：抗苗期稻瘟病，中抗穗期稻瘟病，抗旱能力中等，苗期和孕穗期耐冷性较强。

产量及适宜地区：1998—1999年参加贵州省粳稻区域试验，两年平均产量7 339.5kg/hm^2；1999—2000年参加贵州省生产试验，平均产量6 330.0kg/hm^2。最大年（2005）推广面积1万hm^2，2000—2010年累计推广面积6万hm^2。适宜贵州粳稻区作单季种植。

栽培技术要点：播种时进行种子处理，以控制恶苗病发生，栽培上注意防治稻瘟病和钻心虫。

安粳9号（Angeng 9）

品种来源：贵州省安顺地区农业科学研究所以珍选4号/陆陪1098为杂交组合选育而成。1980年通过贵州省安顺地区农作物品种审定委员会审定，审定编号为统一编号1980003。

形态特征和生物学特性：属中熟粳型常规稻。全生育期165.0d，株高98.0cm，分蘖力中等，株型较紧凑，茎秆较粗壮，叶片直立，叶色较深，着粒密度中等，米质较优。有效穗数354.0万穗/hm^2，穗长18.5cm，穗粒数130.4粒，结实率90.0%。千粒重25.0g。

品质特性：糙米粒长4.8mm，糙米长宽比1.7，糙米率85.0%，精米率76.7%，整精米率73.2%，直链淀粉含量14.7%。

抗性：抗苗期稻瘟病，中抗穗期稻瘟病，苗期和孕穗期耐冷性较强，耐旱能力中等。

产量及适宜地区：1974—1975年参加贵州省安顺地区粳稻区域试验，两年平均产量5 981.4kg/hm^2；1977年多点生产试验，平均产量5 765.6kg/hm^2。最大年（1984）推广面积1万hm^2，1978—1990年累计推广面积13万hm^2。适宜在贵州省安顺地区粳稻区作单季种植。

栽培技术要点：播种时进行种子处理，以控制恶苗病发生，注意防治稻纵卷叶螟。

安糯1号（Annuo 1）

品种来源：贵州省安顺市农业科学研究所以恢73/粳筒稻为杂交组合选育而成。1998年通过贵州省农作物品种审定委员会审定，审定编号为黔品审第166号。

形态特征和生物学特性：属中熟粳型常规糯稻。全生育期155.0d，株高96.0cm，分蘖力强，株型聚散适中，茎秆较粗壮，叶片挺立，叶色淡绿，着粒密度中等，米质较优。有效穗数310.5万穗/hm^2，穗长16.8cm，穗粒数100.9粒，结实率91.6%。千粒重26.9g。

品质特性：糙米粒长5.2mm，糙米长宽比1.8，糙米率76.8%，精米率69.8%，整精米率65.4%，碱消值7.0级，胶稠度80.0mm，直链淀粉含量1.4%，糙米蛋白质含量9.6%。

抗性：中抗苗期和穗期稻瘟病，抗旱能力中等，苗期和孕穗期耐冷性较强。

产量及适宜地区：1995—1996年参加贵州省糯稻区域试验，两年平均产量5 432.5kg/hm^2；1996—1997年参加贵州省生产试验，平均产量6 795.2kg/hm^2。最大年（2003）推广面积2万hm^2，1998—2010年累计推广面积10万hm^2。适宜贵州中高海拔糯稻区种植。

栽培技术要点：播种时进行种子处理，以控制恶苗病发生，栽培上注意防治稻瘟病和钻心虫。

安顺黑糯567（Anshunheinuo 567）

品种来源：贵州省安顺市农业科学研究所以紫云乌糯/惠水黑糯为杂交组合选育而成。2000年通过贵州省农作物品种审定委员会审定，审定编号为黔品审第198号。

形态特征和生物学特性：属中早熟粳型常规糯稻。全生育期164.0d，株高88.5cm，分蘖力较强，株型聚散适中，茎秆较粗壮，叶片挺立，叶色苗期为紫色，抽穗成熟后为淡绿色，着粒密度中等，米质优。有效穗数280.5万穗/hm^2，穗长20.8cm，穗粒数129.0粒，结实率81.2%。千粒重27.2g。

品质特性：糙米粒长5.8mm，糙米长宽比2.2，糙米率79.8%，精米率70.2%，整精米率43.7%，碱消值7.0级，胶稠度95.0mm，直链淀粉含量1.8%，糙米蛋白质含量10.9%。

抗性：中抗苗期和穗期稻瘟病，抗旱能力中等，苗期和孕穗期耐冷性较强。

产量及适宜地区：1990年参加品比试验，平均产量5 812.5kg/hm^2；1991—1993年大面积示范种植，平均产量5 161.7kg/hm^2。最大年（2003）推广面积1万hm^2，1995—2010年累计推广面积8万hm^2。适宜贵州黔中稻区种植。

栽培技术要点：播种时进行种子处理，以控制恶苗病发生，栽培上注意防治稻瘟病。

毕辐2号（Bifu 2）

品种来源：贵州省毕节市农业科学研究所由农育1744经^{60}Co辐照选育而成。

形态特征和生物学特性：属中早熟粳型常规稻。全生育期150.0d，株高105.0cm，分蘖力强，苗期长势旺，成穗率高。穗粒数110.0粒，结实率86.1%。千粒重25.0g。

抗性：抗苗期稻瘟病，中抗穗期稻瘟病，苗期耐冷性中等，孕穗期耐冷性较强，适应性广。

产量及适宜地区：1975年参加所内品系比较试验，平均产量8 437.5kg/hm^2；1976年所内生产鉴定，平均产量6 486.0kg/hm^2。该品种自1983年以来累计推广面积150万hm^2。适宜贵州省中、高海拔粳稻区种植，适宜在高塝田、冷浸烂泥田、夹沟阴山等低产田栽培。

栽培技术要点：播种时进行种子处理，以控制恶苗病发生，注意防治稻纵卷叶螟。注意病虫害，一经发现立即进行药剂防治。

毕粳22（Bigeng 22）

品种来源：贵州省毕节市农业科学研究所以喜峰////IR24/丰锦//C57///C57-167为杂交组合选育而成。1992年通过贵州省毕节市农作物品种审定委员会审定，审定编号为黔种审证字第9201号。

形态特征和生物学特性：属中早熟粳型常规稻。全生育期155.0d，株高100.0cm，分蘖力较强，株型紧凑，叶片直立，生长整齐，籽粒椭圆形，颖壳金黄色，颖尖紫色，着有棕褐中（短）芒，落粒性易。有效穗数332.6万穗/hm^2，穗长16.5cm，穗粒数94.6粒，结实率85.3%。千粒重25.0g。

抗性：耐肥抗倒，抗苗期稻瘟病，中抗穗期稻瘟病，苗期耐冷性中等，孕穗期耐冷性较强。

产量及适宜地区：1987—1988年参加贵州省粳稻区域试验，两年平均产量4 587.0kg/hm^2；1989—1990年贵州省粳稻生产试验，平均产量6 709.1kg/hm^2。最大年（1992）推广面积0.2万hm^2，1994—1999年累计推广面积0.6万hm^2。适于贵州海拔1 200 ～ 1 950m粳稻区种植。

栽培技术要点：适时早播，旱育稀植，播种期一般要求在清明节或前后几天为宜。以旱育秧为最好的育秧方式，栽插密度22.5万～ 27.0万穴/hm^2，但下等肥力的田块则应以33.0万穴/hm^{2}为宜，一般每穴栽插1 ～ 2苗。施足底肥，适时移栽，中上等肥力田块施基肥（圈肥）15 000.0kg/hm^2，有条件的农户可增施普通过磷酸钙750.0kg/hm^2；中下等肥力田块施基肥22 500.0kg/hm^2，二犁二耙或三犁三耙，细碎平整后才能移栽，秧龄30 ～ 35d，不得超过40d，叶龄4 ～ 4.5，不得超过5。加强田间管理，一般中耕除草2 ～ 3次，以田内无杂稗草为准，于第一次中耕时即移栽后10 ～ 15d一次性追施尿素150.0 ～ 225.0kg/hm^2。以后根据禾苗长势酌情补施或不施。及时防治病虫害。

毕粳37（Bigeng 37）

品种来源：贵州省毕节市农业科学研究所以喜峰////IR24/丰锦//C57///C57-167为杂交组合选育而成。1995年通过贵州省农作物品种审定委员会审定，审定编号为黔品审第134号。

形态特征和生物学特性：属中早熟粳型常规稻。全生育期165.0d，株高97.5cm，株型紧凑，青秆黄熟不早衰，苗期叶色浓绿，秧苗长势强，中后期叶片直立，后期叶片功能期长，根系发达，籽粒椭圆形，颖壳金黄色，颖尖紫色，着有棕褐中（短）芒，落粒性易。有效穗数378.0万穗/hm^2，穗长16.5cm，穗粒数105.0粒，结实率85.0%。千粒重25.0g。

品质特性：糙米粒长5.2mm，糙米长宽比1.8，糙米率85.2%，精米率77.0%，垩白度1.6%，透明度1.0级，碱消值7.0级，胶稠度61.0mm，直链淀粉含量18.8%，糙米蛋白质含量8.8%。

抗性：抗倒伏，中抗纹枯病，抗苗期稻瘟病，中抗穗期稻瘟病，苗期耐冷性中等，孕穗期耐冷性较强。

产量及适宜地区：1992—1993年参加贵州省粳稻区域试验，两年平均产量5 973.0kg/hm^2；1993—1994年贵州省粳稻生产试验，平均产量7 048.5kg/hm^2。最大年（1999）推广面积1万hm^2，1994—1999年累计推广面积4万hm^2。适于贵州省毕节、六盘水等粳稻种植区种植，以及贵州海拔1 200 ～ 1 950m粳稻区种植。

栽培技术要点：适时早播，旱育稀植，播种期一般要求在清明节或前后几天为宜。以旱育秧为最好的育秧方式，栽插密度22.5万～ 27.0万穴/hm^2，但下等肥力的田块则应以33.0万穴/hm^2为好，一般每穴栽插1 ～ 2苗。施足底肥，适时移栽，中上等肥力田块施基肥(圈肥)15 000.0kg/hm^2，有条件的农户可增施普通过磷酸钙750.0kg/hm^2；中下等肥力田块施基肥22 500.0kg/hm^2，二犁二耙或三犁三耙，细碎平整后才能移栽，秧龄30 ～ 35d，不得超过40d，叶龄4 ～ 4.5，不得超过5。加强田间管理，一般中耕除草2 ～ 3次，以田内无杂稗草为准，于第一次中耕时即移栽后10 ～ 15d一次性追施尿素150.0 ～ 225.0kg/hm^2。以后根据禾苗长势酌情补施或不施。注意病虫害，一经发现立即进行药剂防治。

毕粳38（Bigeng 38）

品种来源：贵州省毕节市农业科学研究所由南151经^{60}Co辐射选育而成。1997年通过贵州省毕节市农作物品种审定委员会审定，审定编号为统一编号1997001。

形态特征和生物学特性：属中早熟粳型常规稻。全生育期165.0d，株高102.5cm，苗期叶色浓绿，秧苗长势强，后期熟色好，白色中长芒，米质中等，落粒性易。有效穗数336.0万穗/hm^2，穗长19.0cm，穗粒数110.0粒，结实率84.2%。千粒重29.0g。

品质特性：糙米粒长5.3mm，糙米长宽比1.8，糙米率82.2%，精米率73.0%，垩白度10.6%，透明度1.0级，碱消值7.0级，胶稠度61.0mm。

抗性：抗苗期稻瘟病，中抗穗期稻瘟病，苗期耐冷性中等，孕穗期耐冷性较强。

产量及适宜地区：1993—1994年参加毕节地区粳稻区域试验，两年平均产量7 338.0kg/hm^2；1995—1996年毕节地区粳稻生产试验，平均产量8 238.0kg/hm^2。最大年（2000）推广面积1万hm^2，1996—2001年累计推广面积3万hm^2。适于贵州海拔1 150 ~ 1 850m粳稻区种植。

栽培技术要点：适时早播，旱育稀植，播种期一般要求在清明节或前后几天为宜。以旱育秧为最好的育秧方式，栽插密度22.5万 ~ 27.0万穴/hm^2，但下等肥力的田块则应以33.0万穴/hm^{2}为好，一般每穴栽插1 ~ 2苗。施足底肥，适时移栽，中上等肥力田块施基肥(圈肥)15 000.0kg/hm^2，有条件的农户可增施普通过磷酸钙750.0kg/hm^2；中下等肥力田块施基肥22 500.0kg/hm^2，二犁二耙或三犁三耙，细碎平整后才能移栽，秧龄30 ~ 35d，不得超过40d，叶龄4 ~ 4.5，不得超过5。加强田间管理，一般中耕除草2 ~ 3次，以田内无杂稗草为准，于第一次中耕时即移栽后10 ~ 15d一次性追施尿素150.0 ~ 225.0kg/hm^2。以后根据禾苗长势酌情补施或不施。注意病虫害，一经发现立即进行药剂防治。适时收割，95%的谷粒黄熟时即可收割。

毕粳39（Bigeng 39）

品种来源：贵州省毕节市农业科学研究所以PSE001/V452为杂交组合选育而成。1997年通过贵州省毕节市农作物品种审定委员会审定，审定编号为统一编号1997005。

形态特征和生物学特性：属中熟粳型常规稻。全生育期167.5d，株高100.0cm，株型紧凑，青秆黄熟不早衰，剑叶上挺，籽粒椭圆形，颖壳带浅色麻斑，无芒，落粒性易。有效穗数360.0万穗/hm^2，穗长16.5cm，穗粒数117.5粒，结实率89.0%。千粒重28.0g。

品质特性：糙米粒长4.9mm，糙米长宽比1.9，糙米率82.5%，精米率73.8%，整精米率68.1%，垩白粒率41.0%，垩白度5.0%，透明度2.0级，碱消值7.0级，胶稠度63.0mm，直链淀粉含量18.0%，糙米蛋白质含量9.2%。

抗性：抗苗期稻瘟病，中抗穗期稻瘟病，苗期耐冷性中等，孕穗期耐冷性较强。

产量及适宜地区：1997—1999年参加毕节地区粳稻区域试验，两年平均产量7 397.0kg/hm^2；1999—2000年毕节地区粳稻生产试验，平均产量7 733.1kg/hm^2。最大年（2003）推广面积1万hm^2，2001—2003年累计推广面积3万hm^2。适于贵州海拔1 100 ～ 1 650m粳稻区种植。

栽培技术要点：适时早播，旱育稀植，播种期一般要求在清明节或前后几天为宜。以旱育秧为最好的育秧方式，栽插密度22.5万～ 27.0万穴/hm^2，但下等肥力的田块则应以33.0万穴/hm^{2}为宜，一般每穴栽插1 ～ 2苗。施足底肥，适时移栽，中上等肥力田块施基肥(圈肥)15 000.0kg/hm^2，有条件的农户可增施普通过磷酸钙750.0kg/hm^2；中下等肥力田块施基肥22 500.0kg/hm^2，二犁二耙或三犁三耙，细碎平整后才能移栽，秧龄30 ～ 35d，不得超过40d，叶龄4 ～ 4.5，不得超过5。加强田间管理，一般中耕除草2 ～ 3次，以田内无杂稗草为准，于第一次中耕时即移栽后10 ～ 15d一次性追施尿素150.0 ～ 225.0kg/hm^2。以后根据禾苗长势酌情补施或不施。注意病虫害，一经发现立即进行药剂防治。

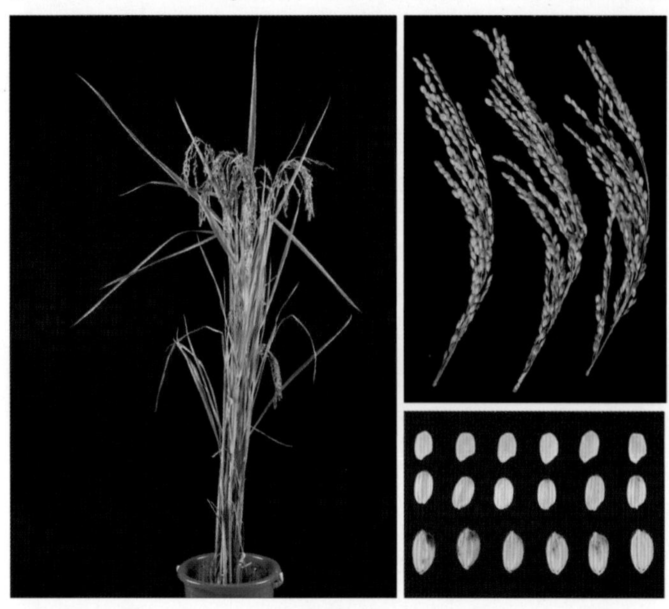

毕粳40（Bigeng 40）

品种来源：贵州省毕节市农业科学研究所以Y15-4/T2040为杂交组合选育而成。2002年通过贵州省农作物品种审定委员会审定，审定编号为黔审稻2002008。

形态特征和生物学特性：属中熟粳型常规稻。全生育期166.0d，株高105.0cm，株型紧凑，叶片直立，苗期叶色浓绿，颖壳黄色，无色中长芒，熟色好，落粒性易。有效穗数300.0万穗/hm^2，穗长17.0cm，穗粒数150.0粒，结实率78.0%～86.3%。千粒重28.0g。

品质特性：糙米粒长4.9mm，糙米长宽比1.8，糙米率82.4%，精米率74.1%，整精米率68.5%，垩白粒率46.0%，垩白度5.1%，透明度2.0级，碱消值7.0级，胶稠度62.0mm，直链淀粉含量18.2%，糙米蛋白质含量9.1%。

抗性：抗纹枯病，轻感稻曲病，抗苗期稻瘟病，中抗穗期稻瘟病，苗期耐冷性中等，孕穗期耐冷性较强。

产量及适宜地区：1998—1999年参加贵州省粳稻区域试验，两年平均产量6 775.5kg/hm^2；2000—2001年贵州省粳稻生产试验，平均产量7 878.0kg/hm^2。最大年（2005）推广面积1万hm^2，2001—2005年累计推广面积4万hm^2。适于贵州海拔1 300～1 650m的稻区种植。

栽培技术要点：播种时进行种子处理，以控制稻曲病发生，栽培上注意防治稻瘟病。适时早播，播种期以3月25日至4月5日为宜；采用旱育秧培育壮秧；合理密植，上等田栽插密度以26.5cm×16.7cm或26.5cm×13.3cm为宜，中下等田以23.3cm×13.3cm和20.0cm×13.3cm为宜；科学施肥，重施底肥，巧施穗肥，即将施肥总量的80.0%～85.0%用作基肥，15.0%～20.0%作穗肥；及时防治病虫害。

毕粳41（Bigeng 41）

品种来源：贵州省毕节市农业科学研究所以合系25号/六粳2号为杂交组合选育而成。2003年通过贵州省农作物品种审定委员会审定，审定编号为黔审稻2003019。

形态特征和生物学特性：属中熟粳型常规稻。全生育期170.0d，株高100.0cm，株型紧凑，中后期叶片直立，苗期叶色深绿，秧苗长势强，剑叶较长，叶鞘深绿，籽粒半圆形，颖尖白色，无芒，落粒性易。有效穗数255.0万穗/hm^2，穗长17.0cm，穗粒数125.0粒，结实率85.0%。千粒重27.0g。

品质特性：糙米粒长4.9mm，糙米长宽比1.6，糙米率81.7%，精米率71.0%，垩白粒率62.0%，垩白度6.2%，胶稠度84.0mm，直链淀粉含量15.8%。

抗性：抗苗期稻瘟病，中抗穗期稻瘟病，中抗纹枯病，苗期耐冷性中等，孕穗期耐冷性较强。

产量及适宜地区：2000—2001年贵州省粳稻区域试验，平均产量5 822.4kg/hm^2，比对照毕粳37号增产8.3%。2002年生产试验中，平均产量5 014.5kg/hm^2，比对照增产11.6%。最大年（2005）推广面积0.9万hm^2，2001—2005年累计推广面积2万hm^2。适于贵州海拔1 300 ~ 1 650m的稻区种植。栽培上注意防治稻瘟病。

栽培技术要点：适时播种，合理密植，贵州西部一般在3月下旬至4月上旬播种，中部4月上、中旬播种，栽插密度30.0万 ~ 37.5万穴/hm^2。科学施肥，有机肥与无机肥并重，重施底肥，早施蘖肥；以施氮总量的70.0% ~ 80.0%作底肥，在第一次翻犁后耙入田中，其余20.0% ~ 30.0%在返青后视苗情补施。加强田间管理，适时收割。

毕粳42（Bigeng 42）

品种来源：贵州省毕节市农业科学研究所以HS40/21号恢//84-15为杂交组合选育而成。2004年通过贵州省农作物品种审定委员会审定，审定编号为黔审稻2004005。

形态特征和生物学特性：属中熟粳型常规稻。全生育期175.0d，株高100.0cm，株型好，青秆成熟，前期秧苗长势较弱，叶色淡绿，中后期植株生长健壮，颖壳黄色，籽粒椭圆形，颖尖紫色，着有棕褐色中（短）芒，落粒性易。有效穗数277.5万穗/hm^2，穗粒数90.0粒，结实率85.0%。千粒重27.0g。

品质特性：糙米粒长5.0mm，糙米长宽比1.7，糙米率83.8%，精米率77.5%，整精米率61.2%，垩白粒率50.0%，垩白度2.5%，透明度2.0级，碱消值7.0级，胶稠度64.0mm，直链淀粉含量18.7%，糙米蛋白质含量8.1%。

抗性：抗苗期稻瘟病，中抗穗期稻瘟病，苗期耐冷性中等，孕穗期耐冷性强。

产量及适宜地区：2002年贵州省粳稻区域试验平均产量5 563.5kg/hm^2，比对照毕粳37增产25.4%，增产达显著水平；2003年续试平均产量6 756.0kg/hm^2，比对照毕粳37增产3.9%，增产达极显著水平。2003年生产试验4个点平均产量7 608.0kg/hm^2，比对照增产7.9%。最大年（2010）推广面积1万hm^2，2005—2010年累计推广面积5万hm^2。适于贵州省海拔1 250 ~ 1 650m粳稻区种植。

栽培技术要点：适时播种、培育壮秧，采用旱育秧培育壮秧。栽插密度上等田27.0万 ~ 31.5万穴/hm^2，中下等田36.0万 ~ 42.0万穴/hm^2，丛植每穴1 ~ 2苗，保证有效穗375万 ~ 450万穗/hm^2。有机肥与无机肥并重，重施底肥，早施蘖肥。加强田间管理，及时防治病虫害，适时收割。

毕粳43（Bigeng 43）

品种来源：贵州省毕节市农业科学研究所以毕粳37/坨坨谷为杂交组合选育而成。2010年通过贵州省农作物品种审定委员会审定，审定编号为黔审稻2010019。

形态特征和生物学特性：属中熟粳型常规稻。全生育期161.7d，株高90.4cm，分蘖力强，株型紧凑，秧苗矮壮，中后期叶片直立，剑叶短小，叶鞘绿色，籽粒短圆形，颖壳黄色，颖尖褐色，无芒，穗型直立，着粒密集，成穗率高。有效穗数364.5万穗/hm^2，穗长13.4cm，穗粒数123.5粒，结实率84.2%。千粒重26.3g。

品质特性：糙米粒长4.9mm，糙米长宽比1.6，糙米率84.5%，精米率76.3%，整精米率72.3%，垩白粒率24.0%，垩白度2.9%，透明度1.0级，碱消值7.0级，胶稠度66.0mm，直链淀粉含量16.1%，糙米蛋白质含量10.5%。

抗性：中抗苗期稻瘟病，中感穗期稻瘟病，苗期耐冷性中等，孕穗期耐冷性较强。

产量及适宜地区：贵州省区域试验两年平均产量8 553.0kg/hm^2，比对照增产23.3%。2009年生产试验平均产量7 281.0kg/hm^2。适于贵州省毕节、安顺、贵阳、黔南、黔西南等地海拔1 100 ～ 1 650m粳稻区及其周边省区同类型地区种植。

栽培技术要点：适时播种，播前严格做好种子处理。采用旱育秧或湿润秧田育秧培育壮秧。合理密植，适宜栽插密度18.8万～ 30.0万穴/hm^2，每穴栽插1 ～ 2苗。科学施肥，有机肥与无机肥并重，氮、磷、钾肥平衡配套施用；重施底肥，底肥施优质圈肥15 000.0 ～ 22 500.0kg/hm^2，普通过磷酸钙750.0kg/hm^2；追肥施尿素150.0 ～ 225.0kg/hm^2、氯化钾45.0 ～ 75.0kg/hm^2，并以氮肥总量的60.0%～ 70.0%、钾肥总量的50.0%作底肥一次施入，其余30.0%～ 40.0%的氮肥在返青后视苗情补施或作穗肥施用，50.0%的钾肥在幼穗分化期作穗肥施用。以浅水插秧、深水护秧、干湿管理为原则，结合分蘖高峰期晒田控制无效分蘖，孕穗期保持相应水层确保灌浆成熟，黄熟期排水落干促进谷粒黄熟。根据病虫害发生程度，及时用辛硫磷等杀虫剂防治黏虫、稻负泥虫，用稻瘟灵等防治稻瘟病。作旱育秧的地区，苗期还应注意防治立枯病。

毕粳44（Bigeng 44）

品种来源：贵州省毕节市农业科学研究所用合系24号/毕粳22号选择育成。2011年通过贵州省农作物品种审定委员会审定，审定编号为黔审稻2011012。

形态特征和生物学特性：属中熟粳型常规稻。全生育期169.1d，株高111.7cm，分蘖力中等，株型较好，茎秆粗壮，叶片直立，叶色浓绿，叶鞘、叶缘绿色，籽粒短圆形，穗型较大，颖尖褐色、无芒。有效穗数267.8万穗/hm^2，穗粒数117.8粒，结实率78.8%。千粒重27.3g。

品质特性：糙米粒长5.1mm，糙米长宽比1.6，糙米率82.7%，精米率75.1%，整精米率62.3%，垩白粒率94.0%，垩白度14.9%，透明度2.0级，碱消值7.0级，胶稠度77.0mm，直链淀粉含量19.4%，糙米蛋白质含量8.2%。

抗性：稻瘟病抗性鉴定综合评价为“感”。

产量及适宜地区：2009年贵州省粳稻新品种（组合）区域试验，初试平均产量7 911.0kg/hm^2，比对照毕粳37增产22.4%；2010年贵州省粳稻新品种（组合）区域试验，续试平均产量7 552.5kg/hm^2，比对照毕粳42增产10.6%。2010年贵州省生产试验平均产量6 334.5kg/hm^2，比对照毕粳42增产2.6%。适宜贵州省中高海拔粳稻区种植，稻瘟病常发区慎用。

栽培技术要点：适时播种，严格种子处理，播种期贵州西部一般在3月下旬至4月上旬，中部4月上、中旬，采用旱育秧或湿润秧田育秧培育壮秧，播种前做好种子处理。合理密植，插足基本苗，栽插密度21.0万～33.0万穴/hm^2，每穴栽插1～2苗。科学施肥，氮、磷、钾肥平衡配套施用；重施底肥，底施优质圈肥15 000.0～22 500.0kg/hm^2、普通过磷酸钙750.0kg/hm^2；追肥施尿素150.0～225.0kg/hm^2、氯化钾45.0～75.0kg/hm^2，并以氮肥总量的60.0%～70.0%、钾肥总量的50.0%作底肥一次施入，其余30.0%～40.0%的氮肥在返青后视苗情补施或作穗肥施用，50.0%的钾肥在幼穗分化期作穗肥施用。以浅水插秧、深水护秧、干湿管理为原则，结合分蘖高峰期晒田控制无效分蘖，孕穗期保持相应水层确保灌浆成熟，黄熟期排水落干促进谷粒黄熟。及时用稻瘟灵等防治稻瘟病，同时根据虫害发生程度，及时用辛硫磷等杀虫剂防治黏虫、稻负泥虫。作旱育秧的地区，苗期还应注意防治立枯病。在90.0%～95.0%谷粒黄熟时应及时进行收割，确保丰产丰收。

毕粳45（Bigeng 45）

品种来源：贵州省毕节市农业科学研究所用合系39/毕粳37选育而成。2013年通过贵州省农作物品种审定委员会审定，审定编号为黔审稻2013010。

形态特征和生物学特性：属中熟粳型常规稻。全生育期167.9d，株高110.7cm，分蘖力中等，株型较紧凑，茎秆粗壮，叶片直立，叶色淡绿，叶缘、叶鞘绿色，籽粒短圆形，颖尖褐色，无芒，穗大粒多。有效穗数262.5万穗/hm^2，穗粒数110.2粒，结实率76.1%。千粒重27.9g。

品质特性：糙米长宽比1.7，糙米率84.5%，整精米率75.4%，垩白粒率42.0%，垩白度3.8%，透明度1.0级，碱消值7.0级，胶稠度59.0mm，直链淀粉含量17.4%，糙米蛋白质含量9.0%。

抗性：稻瘟病抗性鉴定2010年、2011年综合评价为“感”。

产量及适宜地区：2010年贵州省粳稻区域试验平均产量7 564.5kg/hm^2，比对照毕粳42增产10.8%；2011年续试平均产量6 973.5kg/hm^2，与对照滇杂31平产。2012年生产试验平均产量8 286.0kg/hm^2，比对照滇杂31增产4.9%。适宜贵州省粳稻地区种植，稻瘟病常发区慎用。

栽培技术要点：适时播种，严格种子处理，采用旱育秧或湿润育秧培育壮秧。播种前用40.0%多菌灵胶悬液、70.0%甲基硫菌灵等浸种24 ~ 48h杀菌消毒，严格做好种子处理。合理密植，适宜栽插密度24.0万~ 33.0万穴/hm^2，每穴栽插1 ~ 2苗。科学施肥，有机肥与无机肥并重，氮、磷、钾肥平衡配套施用；重施底肥，底施优质圈肥15 000.0 ~ 22 500.0kg/hm^2、普通过磷酸钙750.0kg/hm^2；追肥施尿素150.0 ~ 225.0kg/hm^2、氯化钾45.0 ~ 75.0kg/hm^2，并以氮肥总量的60.0%~ 70.0%、钾肥总量的50.0%作底肥一次施入，其余30.0%~ 40.0%的氮肥在返青后视苗情补施或作穗肥施用，50.0%的钾肥在幼穗分化期作穗肥施用。以浅水插秧、深水护秧、干湿管理为原则，结合分蘖高峰期晒田控制无效分蘖，提高分蘖成穗率，孕穗期保持相应水层确保灌浆成熟，黄熟期排水落干促进谷粒黄熟。及时用稻瘟灵等防治稻瘟病，同时根据虫害发生程度，及时用辛硫磷等杀虫剂防治黏虫、稻负泥虫。作旱育秧的地区，苗期还应注意防治立枯病。在90.0%~ 95.0%谷粒黄熟时及时进行收割，确保丰产丰收。

毕粳80（Bigeng 80）

品种来源：贵州省毕节市农业科学研究所以京引33/赫章牛尾驼为杂交组合选育而成。1985年通过贵州省农作物品种审定委员会审定，审定编号为黔稻16号。

形态特征和生物学特性：属中熟粳型常规稻。全生育期145.0d，株高95.0cm，籽粒长椭圆形，粒色白带黄。有效穗数315.0万穗/hm^2，穗长18.9cm，穗粒数81.0粒，结实率88.0%。千粒重28.5g。

品质特性：糙米率84.8%，米质中等。

抗性：抗苗期稻瘟病，中抗穗期稻瘟病，苗期耐冷性中等，孕穗期耐冷性较强。

产量及适宜地区：1982—1983年参加贵州省粳稻区域试验，两年平均产量6 460.5kg/hm^2；1983—1984年贵州省粳稻生产试验，平均产量6 036.0kg/hm^2。最大年（1986）推广面积0.3万hm^2，1983—1987年累计推广面积0.9万hm^2。适于贵州海拔1 400 ~ 1 700m的粳稻区栽培种植。

栽培技术要点：适应性强，栽培上注意防治稻瘟病；在塝瘦田及冷、烂、酸、锈等低产田块栽培，增产显著。

甸糯（Diannuo）

品种来源：贵州省黔南州罗甸农业科学研究所用国际20号与北京糯（全糯选）杂交当代种子经^{60}Co辐照选育而成，1979年通过贵州省农作物品种审定委员会审定，命名为甸糯，审定编号为黔稻11号。

形态特征和生物学特性：属粳型常规糯稻。全生育期130.0d，株高90cm以上，分蘖力强，青秆黄熟，再生力强，可作再生稻，穗颈短，苗期叶披，籽粒长形，后期转色好，中上层叶直剑叶较大，扬花后逐渐下垂，叶下禾。穗粒数125.0粒以上，结实率90.0%。千粒重23.0g。

品质特性：米粒长，糯性比粳糯差，但口感好。

抗性：高抗白叶枯病。

产量及适宜地区：一般产量在6 300.0kg/hm^{2}以上，高的可达9 375.0kg/hm^{2}以上，如作再生稻两熟种植，一般产量在9 750.0 ～ 11 250.0kg/hm^2，适宜全省推广。

栽培技术要点：培育嫩壮秧，栽足基本苗，4月中旬播种，稀播育壮秧，秧龄以35d为宜。合理密植，栽插密度30.0万穴/hm^2，每穴栽插1 ～ 2苗。以基肥为主，追肥为辅，注意氮、磷、钾肥的合理搭配。科学管水，采取“浅—深—浅”的灌溉方式，中期适当晒田，后期干干湿湿。及时防治病虫害。

苟当1号（Goudang 1）

品种来源：贵州省黔东南州农业科学院、从江县农业局用从江县地方种苟岑告提纯而成。2013年通过贵州省农作物品种审定委员会审定，审定编号为黔审稻2013011。

形态特征和生物学特性：属贵州省黔东南州特有“禾”类品种。全生育期159.7d，株高154.0cm，分蘖力中等，株型较松散，剑叶中等长度且披垂，叶缘和叶耳均无色，颖壳褐斑、秆黄色，着粒密度较大，籽粒阔卵形，长芒，糯型，穗型较大。有效穗数124.5万穗/hm²，穗粒数193.8粒，结实率86.0%。千粒重27.9g。

品质特性：糙米粒长5.5mm，糙米长宽比2.0，糙米率83.8%，精米率75.0%，整精米率66.9%，阴糯米率1.0%，垩白度1.0%，碱消值7.0级，胶稠度100.0mm，直链淀粉含量1.2%，糙米蛋白质含量8.7%。

抗性：稻瘟病抗性为“中感”。

产量及适宜地区：2011年贵州省黔东南州香禾区域试验，平均产量5 704.5kg/hm²，比对照农虎禾增产10.6%；2012年续试平均产量5 628.0kg/hm²，比对照农虎禾增产12.2%；累计10个试点全部增产。2012年贵州省黔东南州香禾生产试验，平均产量为5 611.5kg/hm²，比对照增产12.8%，3个试点全部增产。适宜贵州省黔东南州黎平、从江、榕江县禾类地区种植，注意防倒伏。

栽培技术要点：适时播种，培育多蘖壮秧，一般4月上、中旬播种，育秧方式采用两段育秧、旱育稀植，秧龄30 ~ 40d。合理密植，采用宽窄行20.0cm × 30.0cm栽插方式，栽插密度18.0万穴/hm²左右。施足基肥、面肥，基施农家肥15 000.0 ~ 22 500.0kg/hm²、过磷酸钙375.0 ~ 600.0kg/hm²、氯化钾225.0kg/hm²，耙面肥施尿素150.0kg/hm²。科学肥水管理，早施追肥，注重穗粒肥，基肥以有机肥为主，氮、磷、钾肥配合施用，根据大田肥力水平，适当控制氮肥用量，以防倒伏和纹枯病发生。苗期、破口期、齐穗期注意防治稻瘟病，分蘖期、孕穗期注意防治稻飞虱、螟虫。加强稻瘟病和其他病虫害防治。

苟当2号（Goudang 2）

品种来源：贵州省黔东南州农业科学院、从江县农业局用从江县地方种苟扬当提纯而成。2013年通过贵州省农作物品种审定委员会审定，审定编号为黔审稻2013012。

形态特征和生物学特性：属贵州省黔东南州特有“禾”类品种，全生育期160.0d，株高154.1cm，分蘖力中等，株型较松散，剑叶中等长度且披垂，叶缘和叶耳均无色，颖壳褐斑、秆黄色，着粒密度较大，籽粒阔卵形，长芒，糯型，穗型较大。有效穗数126.0万穗/hm^2，穗粒数181.5粒，结实率88.9%。千粒重26.5g。

品质特性：糙米粒长5.3mm，糙米长宽比1.9，糙米率82.3%，精米率73.3%，整精米率64.7%，阴糯米率1.0%，垩白度1.0%，碱消值7.0级，胶稠度100.0mm，直链淀粉含量1.4%，糙米蛋白质含量8.3%。

抗性：稻瘟病抗性为“中感”。

产量及适宜地区：2011年贵州省黔东南州香禾区域试验，平均产量5 419.5kg/hm^2，比对照农虎禾增产5.0%；2012年续试平均产量5 455.5kg/hm^2，比对照农虎禾增产8.7%；累计10个试点9增1减。2012年贵州省黔东南州香禾生产试验，平均产量5 367.0kg/hm^2，比对照增产7.9%，3个试点全部增产。适宜贵州省黔东南州黎平、从江、榕江县禾类地区，注意防倒伏。

栽培技术要点：适时播种，培育多蘖壮秧，一般4月上、中旬播种，育秧方式采用两段育秧、旱育稀植，秧龄30 ~ 40d。合理密植，采用宽窄行20.0cm × 30.0cm栽插方式，栽插密度18.0万穴/hm^{2}左右。施足基肥、面肥，基肥施农家肥15 000.0 ~ 22 500.0kg/hm^2、过磷酸钙375.0 ~ 600.0kg/hm^2、氯化钾225.0kg/hm^2，耙面肥施尿素150.0kg/hm^2。科学肥水管理，早施追肥，注重穗粒肥，基肥以有机肥为主，氮磷钾配合施用，根据大田肥力水平，适当控制氮肥用量，以防倒伏和纹枯病发生。苗期、破口期、齐穗期注意防治稻瘟病，分蘖期、孕穗期注意防治稻飞虱、螟虫。加强稻瘟病和其他病虫害防治。

苟当3号（Goudang 3）

品种来源：贵州省黔东南州农业科学院、从江县农业局用从江县地方种黔禾1号提纯而成。2013年通过贵州省农作物品种审定委员会审定，审定编号为黔审稻2013013。

形态特征和生物学特性：属贵州省黔东南州特有“禾”类品种。全生育期160.4d，比对照农虎禾迟熟30.8d。株高151.8cm，分蘖力中等，株型较松散，剑叶长度中等长度且披垂，叶缘和叶耳均无色，颖壳、秆呈黄色，着粒密度较大，籽粒阔卵形，长芒，糯型，穗型较大。有效穗数127.5万穗/hm^2，穗粒数189.3粒，结实率88.8%。千粒重27.3g。

品质特性：糙米粒长5.3mm，糙米长宽比1.8，糙米率82.6%，精米率73.4%，整精米率64.2%，阴糯米率1.0%，垩白度1.0%，碱消值7.0级，胶稠度100.00mm，直链淀粉含量1.4%，糙米蛋白质含量8.3%。

抗性：从江县植保站田间观察鉴定稻瘟病抗性为“中感”。

产量及适宜地区：2011年参加贵州省黔东南州香禾区域试验，平均产量5 643.0kg/hm^2，比对照农虎禾增产9.4%；2012年续试平均产量5 526.0kg/hm^2，比对照农虎禾增产10.4 %；累计10个试点全部增产。2012年贵州省黔东南州香禾生产试验，平均产量5 503.5kg/hm^2，比对照增产10.7%，3个试点全部增产。适宜贵州省黔东南州黎平、从江、榕江县禾类地区，注意防倒伏。

栽培技术要点：适时播种，培育多蘖壮秧，一般4月上、中旬播种，育秧方式采用两段育秧、旱育稀植，秧龄30 ~ 40d。合理密植，采用宽窄行20.0cm × 30.0cm栽插方式，栽插密度16.7万穴/hm^2左右。施足基肥、面肥，基施农家肥15 000.0 ~ 22 500.0kg/hm^2、过磷酸钙375.0 ~ 600.0kg/hm^2、氯化钾225.0kg/hm^2，耙面肥施尿素150.0kg/hm^2。科学肥水管理，早施追肥，注重穗粒肥，基肥以有机肥为主，氮、磷、钾肥配合施用，根据大田肥力水平，适当控制氮肥用量，以防倒伏和纹枯病发生。苗期、破口期、齐穗期注意防治稻瘟病，分蘖期、孕穗期注意防治稻飞虱、螟虫。加强稻瘟病和其他病虫害防治。

贵辐糯（Guifunuo）

品种来源：贵州省农业科学院综合研究所由双城糯经^{60}Co辐射选育而成。1989年通过贵州省农作物品种审定委员会审定，审定编号为黔稻27号。

形态特征和生物学特性：属中熟粳型常规糯稻。全生育期155.0d，株高85.0cm，分蘖力中等，株型紧凑，茎秆粗壮，长势旺盛，叶片短直，叶色深绿，籽粒椭圆形，麻黄色，颖尖紫色，无芒或偶有短芒。有效穗数330.0万穗/hm^2，穗长15.0cm，穗粒数120.0粒，结实率85.0%。千粒重27.0g。

产量及适宜地区：1986—1987年参加贵州省糯稻区域试验；1988年参加贵州省紫云、黔西、务川等地糯稻生产试验，平均产量7 107.0kg/hm^2，全部试点都增产，比当地糯稻品种平均增产56.8%。适宜贵州省海拔1 300m以下地区种植，对土壤肥力适应性广。

栽培技术要点：适时播种，培育壮秧，在中、低海拔地区，以清明至谷雨播种为宜；高海拔地区（1 200m以上）以播清明秧为好；适时移栽，合理密植，一般在5月中旬至6月初移栽，秧龄35 ~ 40d。施足基肥，早施追肥，基肥一般施猪牛粪22 500.0kg/hm^2，磷肥375.0 ~ 600.0kg/hm^2；追肥施尿素225.0kg/hm^2。加强田间管理，结合追肥，进行中耕除草1 ~ 2次，科学管水，注意防治病虫害。

贵花36（Guihua 36）

品种来源：贵州省农业科学院水稻研究所以云贵花/58糯BL-71-72为杂交组合选育而成。1993年通过贵州省农作物品种审定委员会审定，审定编号为黔种审证字第110号。

形态特征和生物学特性：属粳型常规稻。感光性和感温性中等。全生育期165.0d，株高90.0cm，分蘖力较强，株型紧凑且呈半直立状，茎秆粗壮，叶片直立较窄且厚并略卷，叶色浓绿，成熟时叶青籽黄，苗期生长稳健，穗期灌浆速度快，着粒密度中等，籽粒椭圆形，颖壳黑色花纹。有效穗数336.4万穗/hm^2，穗长14.6cm，穗粒数105.2粒，结实率90.0%。千粒重23.0g。

品质特性：糙米粒长5.8mm，糙米长宽比2.4，糙米率81.0%，精米率72.5%，整精米率60.2%，垩白粒率9.3%，垩白度10.4%，透明度2.0级，碱消值6.0级，胶稠度70.0mm，直链淀粉含量18.4%，糙米蛋白质含量5.6%。

产量及适宜地区：1991—1992年参加贵州省粳稻区域试验，两年平均产量7 326.6kg/hm^2。最大年（1994）推广面积0.7万hm^2，1993—2007年累计推广面积1万hm^2。适宜贵州高海拔地区作一季中稻种植。

栽培技术要点：播种时进行种子处理，栽培上注意适时防治病虫害。

贵农糯1号（Guinongnuo 1）

品种来源：贵州大学农学院水稻研究所以农南香糯/兴糯925F5为杂交组合，采用系谱法选育而成。2008年通过贵州省农作物品种审定委员会审定，审定编号为黔审稻2008011。

形态特征和生物学特性：属粳型常规糯稻。全生育期149.0d，株高121.2cm，分蘖力较强，株型较紧凑，田间生长整齐，茎秆细，剑叶短，籽粒阔卵形，颖尖紫色，后期转色好，有芒，穗型较小。有效穗数288.0万穗/hm^2，穗粒数97.9粒，结实率86.8%。千粒重27.7g。

品质特性：糙米粒长5.3mm，糙米长宽比2.6，糙米率76.1%，精米率66.5%，整精米率56.8%，胶稠度85.0mm，直链淀粉含量0.5%，达国标一级优质米标准。

抗性：中抗苗期稻瘟病，中感穗期稻瘟病，苗期耐冷性较强，孕穗期耐冷较强。

产量及适宜地区：贵州省区域试验两年平均产量6 852.0kg/hm^2，比综合对照增产0.8%。10个试点中7增3减，增产点（次）为70.0%。适宜贵州省中、低海拔糯稻区种植。

栽培技术要点：适时早播，培育适龄多蘖壮秧，清明前后或根据当地种植习惯适期早播，大田用种量18.0 ～ 30.0kg/hm^2，注意稀播、匀播，播种后加强田间管理，培育多蘖壮秧。及时移栽，合理密植，栽插密度20.0cm×24.0cm，每穴2 ～ 3苗。科学施肥、管水，采取“前促中控后补、增施磷钾肥”的原则，重施底肥，早追分蘖肥，氮、磷、钾、有机肥配合施用，氮、磷、钾配合的比例以1 ∶ 0.5 ∶ 1为宜。在排灌上，实行薄水插秧，寸水返青，浅水分蘖，中期够苗后及时排水晒田，控制无效分蘖，增强抗倒力，收获前5d断水。综合防治病虫害。

贵农糯2号（Guinongnuo 2）

品种来源：贵州大学农学院水稻研究所以小黄糯/兴糯925为杂交组合，采用系谱法选育而成。2008年通过贵州省农作物品种审定委员会审定，审定编号为黔审稻2008012。

形态特征和生物学特性：属粳型常规糯稻。全生育期155.0d，株高95.0cm，分蘖力较强，株型较紧凑，稃粒阔卵形，颖尖紫色，有芒，穗型中等。有效穗数285.0万穗/hm^2，穗粒数95.9粒，结实率91.3%。千粒重28.1g。

品质特性：糙米粒长5.8mm，糙米长宽比2.7，糙米率77.1%，精米率66.8%，整精米率57.1%，胶稠度88.0mm，达国标一级优质米标准。

抗性：中抗苗期稻瘟病，中感穗期稻瘟病，苗期耐冷性较强，孕穗期耐冷较强。

产量及适宜地区：贵州省区域试验，两年平均产量6 820.5kg/hm^2，比综合对照增产0.5%。10个试点中6增4减，增产点（次）为60.0%。适宜贵州省中、低海拔糯稻区种植。

栽培技术要点：适时早播，培育壮秧，清明前后或根据当地种植习惯适期早播，大田用种量18.0 ~ 22.5kg/hm^2，注意稀播、匀播，播种后加强田间管理，培育适龄多蘖壮秧。及时移栽，合理密植，栽插密度20.0cm×24.0cm，每穴2 ~ 3苗。科学施肥、管水，采取“前促中控后补、增施磷钾肥”的原则，重施底肥，早追分蘖肥，氮、磷、钾、有机肥配合施用，氮、磷、钾配合的比例以1 ：0.5 ：1为宜。在排灌上，实行薄水插秧，寸水返青，浅水分蘖，中期够苗后及时排水晒田，控制无效分蘖，增强抗倒力，收获前5d断水。综合防治病虫害。

桂白糯1号（Guibainuo 1）

品种来源：贵州省绥阳县科学技术委员会以桂花糯/白杨糯为杂交组合选育而成。1992年通过贵州省农作物品种审定委员会审定，审定编号为黔品审第97号。

形态特征和生物学特性：属粳型常规糯稻。全生育期158.0d，株高95.0cm，分蘖力中等偏强，株型紧凑，茎秆粗壮，叶色深绿，颖壳黄色，籽粒椭圆形，无芒，落粒性易，穗短，微弯曲，着粒密度大。有效穗数330.0万穗/hm^2，穗长26.2cm，穗粒数90.0粒，结实率85.0%。千粒重27.0g。

品质特性：糙米粒长5.2mm，糙米长宽比1.9，糙米率83.0%，精米率74.7%，整精米率66.5%，垩白粒率85.0%，垩白度6.6%，透明度3.0级，碱消值7.0级，胶稠度100.0mm，直链淀粉含量1.4%，糙米蛋白质含量7.4%。

抗性：感稻瘟病，耐旱、耐瘠、耐阴性能强。

产量及适宜地区：1989—1990年参加贵州省糯稻区域试验，平均产量7 281.8kg/hm^2，比对照贵辐糯增产13.0%；1991年生产试验平均产量6 396.6kg/hm^2，比对照贵辐糯增产18.1%。最大年（1992）推广面积0.5万hm^2，1991—1996年累计推广种植面积2万hm^2。适宜贵州中低海拔地区（400 ~ 1 300m）种植。

栽培技术要点：适时早播，培育多蘖壮秧，一般3月底至4月上中旬播种，泡种时用强氯精药液浸种消毒。温热地区采用两段育秧，高寒地区最好用地膜保温育秧。秧田用种量不超过300.0kg/hm^2，湿润秧田秧龄40 ~ 50d，两段育秧秧龄可延长到50 ~ 65d。适时移栽，合理密植，冬闲田5月下旬移栽，麦茬田、油菜花田6月上旬移栽。栽插密度23.3cm × 13.3cm或26.7cm × 13.3cm，也可采用（33.3+16.7）cm × 13.3cm宽窄行密穴栽插，以利通风透光，栽插密度25.5万 ~ 31.5万穴/hm^2，每穴1 ~ 2苗。科学施肥，大田要求补施纯氮105.0 ~ 120.0kg/hm^2、五氧化二磷120.0 ~ 135.0kg/hm^2和适量的钾肥；磷、钾肥全部作基肥施用，氮肥以总量的80%作基肥、20%作追肥，切忌齐穗后期施用氮肥过量。稻瘟病重发区要注意防治稻瘟病。

黑糯141（Heinuo 141）

品种来源：贵州省惠水县农业局以金矮选/摆榜高秆黑糯为杂交组合选育而成。1986年通过贵州省农作物品种审定委员会审定，审定编号为黔稻17号。

形态特征和生物学特性：属晚熟粳型常规糯稻。全生育期175.2d，株高95.5cm。有效穗数271.8万穗/hm^2，穗长15.2cm，穗粒数93.6粒，结实率72.4%。千粒重28.5g。

品质特性：糙米粒长8.3mm，糙米长宽比2.8，糙米率78.0%，精米率62.2%，整精米率53.5%，垩白度12.2%，碱消值6.0级，胶稠度88.0mm，直链淀粉含量1.6%，糙米蛋白质含量10.8%。

抗性：感苗期和穗期稻瘟病，苗期耐冷性中等，孕穗期耐冷性较弱，耐旱能力中等。

产量及适宜地区：生产上一般产量4 500.0 ~ 5 250.0kg/hm^2。最大年（1986）推广面积0.3万hm^2，1986—2007年累计推广面积2万hm^2。适宜贵州南部地区作一季中稻种植。

栽培技术要点：4月中旬播种，秧田用种量600.0kg/hm^{2}左右，秧龄30d左右。栽插密度16.7cm×20.0cm或10.0cm×20.0cm，本田基施圈肥22 500.0kg/hm^2、硫酸铵225.0 ~ 300.0kg/hm^2、磷肥750.0kg/hm^2、草木灰750.0 ~ 1 500.0kg/hm^{2}或氯化钾150.0 ~ 225.0kg/hm^2。移栽后10d追施尿素112.5 ~ 150.0kg/hm^2。浅水灌溉，后期忌施速效氮。注意防治稻瘟病。

黑糯86（Heinuo 86）

品种来源：贵州省黔东南州农业科学研究所以从江优质糯稻“禾”/香血禾为杂交组合选育而成。

形态特征和生物学特性：属中熟粳型常规糯稻。全生育期130.0d，株高104.0cm，分蘖力弱，株型紧凑，茎秆较粗。颖壳抽穗时为紫褐色，籽粒充实完熟后呈褐斑且秆呈黄色，有芒，落粒性中等。穗长23.0cm，穗粒数101.7粒，结实率89.9%。千粒重30.0g。

品质特性：糙米粒长5.4mm，糙米长宽比1.9，糙米率82.4%，精米率74.9%，整精米率74.0%，碱消值7.0级，胶稠度100.0mm，糙米蛋白质含量9.7%。

抗性：抗倒伏能力较强，感苗期和穗期稻瘟病，中抗白叶枯病，中感褐飞虱和白背飞虱，苗期耐冷性中等，孕穗期耐冷性较强，耐旱和耐盐能力中等。

产量及适宜地区：平均产量5 250.0kg/hm^2。2000—2002年累计推广面积1万hm^2。适宜贵州省东南和南部的高、中、低海拔坝区、半山区、山区种植。

栽培技术要点：播种时进行种子处理，以控制恶苗病发生，注意防治纹枯病和褐飞虱。

黑糯93（Heinuo 93）

品种来源：贵州省黔南州农业科学研究所以黑糯84/成糯24为杂交组合选育而成。1999年通过贵州省农作物品种审定委员会审定，审定编号为黔品审第165号。

形态特征和生物学特性：属中熟粳型常规糯稻。全生育期160.0d，株高100.0cm，分蘖力强，株型好，叶片长宽适中且直立成熟不披垂，叶鞘紫色，籽粒卵形，颖壳麻色，颖尖紫色，无芒，落粒性易，糙米黑色。有效穗数360.0万穗/hm^2，穗长17.6cm，穗粒数100.0粒，结实率85.0%。千粒重24.0g。

品质特性：糙米粒长5.0mm，糙米长宽比1.7，糙米率81.2%，精米率76.2%，整精米率73.6%，透明度1.0级，碱消值7.0级，胶稠度100.0mm，直链淀粉含量1.3%，糙米蛋白质含量10.2%。

抗性：中抗苗期稻瘟病，抗穗期稻瘟病，苗期耐冷性中等，孕穗期耐冷性较强，耐肥抗倒，较抗恶苗病。

产量及适宜地区：1993—1994年参加贵州省区域试验，平均产量4 500.0kg/hm^2，比对照黑糯141增产33.8%；1995—1996年参加贵州省生产试验，平均产量5 674.5kg/hm^2，比对照贵辐糯增产18.9%。可在贵州省海拔1 200m以下的水稻适宜地区种植。

栽培技术要点：4月中旬播种，稀播育壮秧，秧龄以35d为宜。合理密植，栽插密度30.0万穴/hm^2，每穴1～2苗。以基肥为主，追肥为辅，注意氮、磷、钾肥的合理搭配。科学管水，采取“浅—深—浅”的灌溉方式，中期适当晒田，后期干干湿湿。及时防治病虫害。

红富糯（Hongfunuo）

品种来源：贵州省黔南州农业科学研究所以丽水白糯/成糯24为杂交组合选育而成。1996年通过贵州省农作物品种审定委员会审定，审定编号为黔品审第155号。

形态特征和生物学特性：属粳型常规糯稻，全生育期155.0d，株高95.0cm，分蘖力较强，苗期生长较慢，中后期生长较快，颖尖紫红色，落粒性易，米质优，穗型中等偏大、略弯曲，着粒密度大。穗粒数120.0粒，结实率90.0%。千粒重25.0g。

品质特性：糙米率82.9%，精米率74.5%，胶稠度100.0mm，直链淀粉含量1.3%，糙米蛋白质含量10.1%。

抗性：苗期抗低温，后期耐冷性强，耐肥抗倒，较抗稻瘟病。

产量及适宜地区：1991—1992年品比试验中表现突出（原代号为9-4），1994年参加贵州省区域试验，并提前进入生产试验，表现特优，当年平均产量5 955.0kg/hm^2，比对照增产21.2%，适宜贵州省除毕节(高海拔1 400m以上)以外各地区示范推广。

栽培技术要点：采用湿润秧田育秧，秧田用种量不超过375.0kg/hm^2。秧龄35d左右，为培育带蘖壮秧、在二叶一心时，应适时追施尿素或人畜粪尿水以促分蘖早生快发。合理密植，栽插密度（20.0 ~ 25.0）cm×（14.0 ~ 16.0）cm，27万穴/hm^{2}左右，每穴1 ~ 2苗。一般田采用宽窄行，烂田或地下水位高的田采用半旱式垄栽为好。施足底肥，早施重施分蘖肥，一般底肥占总施肥的2/3，栽后6 ~ 7d，重施一次分蘖肥，一般施尿素150.0kg/hm^2，中后期增施磷、钾肥。病虫防治及水分管理同一般糯稻田。

吉香1号（Jixiang 1）

品种来源：贵州省兴义市吉丰种业有限责任公司用兴育873与浓香2号杂交经系统选育而成。2011年通过贵州省农作物品种审定委员会审定，审定编号为黔审稻2011013。

形态特征和生物学特性：属中迟熟粳型常规稻。全生育期157.0d，株高102.3cm，分蘖力强，株型紧凑，叶片宽长略披垂，叶色浓绿，叶鞘、叶缘均无色，籽粒长形，颖尖无色，无芒，后期落黄好。有效穗数202.4万穗/hm^2，穗长23.5cm，穗实粒数123.0粒，结实率82.8%。千粒重36.4 g。

品质特性：糙米粒长7.0mm，糙米长宽比3.0，糙米率81.4%，精米率71.4%，整精米率63.2%，垩白粒率41.0%，垩白度2.9%，透明度1.0级，碱消值3.0级，胶稠度58.0mm，直链淀粉含量15.0%。食味鉴评78.2分。

抗性：稻瘟病抗性鉴定为“感”。

产量及适宜地区：2009年贵州省黔西南州区域试验平均产量8 116.8kg/hm^2，比对照滇屯502增产6.0%；2010年区域试验续试平均产量8 518.8kg/hm^2，比对照滇屯502增产13.0%；区域试验两年平均产量8 317.8kg/hm^2，比对照增产9.0%，15个试点全部增产。2010年贵州省生产试验平均产量9 828.0kg/hm^2，比对照增产1.3%，两个试点全部增产。适宜贵州省黔西南州中迟熟籼稻区种植，稻瘟病常发区慎用。

栽培技术要点：清明节前后播种，播种前晒种、强氯精浸种、稀播匀播，科学肥水管理，培育多蘖壮秧。育秧方式采用旱育秧或两段育秧，秧龄不超过45d。合理密植，宽窄行栽插方式，栽插密度16.5万～18.0万穴/hm^2，随海拔升高或肥力降低增加种植密度。科学肥水管理，重底早追，增施磷、钾肥和有机肥，结合科学管水，够苗晒田，干湿壮籽，做到苗足、苗健、穗大、粒重。基施农家肥12 000.0kg/hm^2、45%的复合肥375.0kg/hm^2；移栽5～7d后施尿素120.0kg/hm^{2}做分蘖肥，拔节8～10d（倒三叶）施尿素150.0kg/hm^{2}做穗肥。苗期、破口期、齐穗期注意防治稻瘟病，分蘖期、孕穗期注意防治稻飞虱、螟虫。加强稻瘟病和其他病虫害防治。

六粳2号（Liugeng 2）

品种来源：贵州省六盘水市农业科学研究所以桂花黄选系/毕粳7号为杂交组合选育而成。1996年通过贵州省农作物品种审定委员会审定，审定编号为黔品审第156号。

形态特征和生物学特性：属中早熟常规粳稻。全生育期163.5d，株高113.0cm，株型松散，苗期叶色浓绿，秧苗长势强，中后期叶片斜挺，后期叶片功能期长，不早衰，根系发达，籽粒椭圆形，颖壳黄色，颖尖紫色，无芒，落粒性易。有效穗数262.5万穗/hm^2，穗长19.5cm，穗粒数122.5粒，结实率83.0%。千粒重25.0g。

品质特性：糙米粒长5.4mm，糙米长宽比1.8，糙米率83.2%，精米率74.0%，垩白度1.7%，直链淀粉含量12.1%，糙米蛋白质含量7.7%。

抗性：抗纹枯病，抗苗期和穗期稻瘟病，苗期和孕穗期耐冷性较强。

产量及适宜地区：1992—1993年参加贵州省粳稻区域试验，两年平均产量5 417.9kg/hm^2；1993—1994年贵州省粳稻生产试验，两年平均产量5 414.3kg/hm^2。最大年（2000）推广面积1万hm^2，1995—2003年累计推广面积2万hm^2。适宜贵州海拔1 400 ～ 1 950m粳稻区种植。

栽培技术要点：不同土壤类型、不同肥力田块及冷、烂、锈田块均有较强的生长势和较高的产量水平。

农虎禾（Nonghuhe）

品种来源：贵州省农业科学院水稻研究所以今裸禾/408虎87梅为杂交组合选育而成。1992年通过贵州省农作物品种审定委员会审定，审定编号为黔品审第87号。

形态特征和生物学特性：属粳型常规糯稻。全生育期153.5d，株高116.0cm，分蘖力较强，株型松散适中，苗期叶色淡绿，下叶披散，上叶互卷，后期长势旺，青秆黄熟，根系发达不早衰，籽粒椭圆形，颖尖紫色，有芒，落粒性易，成穗率高。有效穗数196.0万穗/hm^2，穗长22.2cm，穗粒数120粒，结实率82.7%。千粒重27.0g。

品质特性：糙米粒长5.3mm，糙米长宽比1.8，糙米率81.7%，精米率73.7%，整精米率67.7%，垩白度12.2%，碱消值6.5级，胶稠度107.5mm，直链淀粉含量1.5%，糙米蛋白质含量6.5%，达国标一级优质米标准。

抗性：中抗苗期稻瘟病，抗穗期稻瘟病，苗期和孕穗期耐冷性强，耐旱能力较强。

产量及适宜地区：1987—1988年参加贵州省糯稻区域试验，平均产量5 154.0kg/hm^2，比对照京引15-5-1增产17.6%；大面积种植一般产量6 000.0 ~ 7 500.0kg/hm^2。最大年（1992）推广面积2万hm^2，1989—2007年累计推广种植面积13万hm^2。适宜贵州省及其生态相似地区作一季中稻种植。

栽培技术要点：播前进行种子处理，稀播育壮秧，并适时早播早栽，黔中稻区以清明前后播种为宜，秧田用种量450.0 ~ 525.0kg/hm^2，最多不超过600.0kg/hm^2。苗期生长速度快，秧龄以35d为宜，最长不超过40d。合理密植，栽插密度30万穴/hm^2（19.8cm × 16.5cm），每穴栽插1 ~ 2苗为宜。追肥宜早，实行前重后轻方法施肥，并适时排水晒田，防止倒伏。

农育1744（Nongyu 1744）

品种来源：贵州省综合农业试验站1955年用贵州地方粳稻品种系谱法选育而成。

形态特征和生物学特性：属中熟粳型常规稻。全生育期152.0d，株高112.5cm，分蘖力中等，株型松散，茎秆粗壮，叶片宽大，叶色淡绿，着粒密度中等，米质中等，适应性较强。有效穗数237.6万穗/hm^2，穗长18.8cm，穗粒数96.4粒，结实率85.5%。千粒重26.8g。

品质特性：糙米粒长6.8mm，糙米长宽比2.6，糙米率79.6%，精米率69.2%，整精米率54.8%，透明度3.0级，碱消值6.0级，胶稠度60.0mm，直链淀粉含量18.6%。

抗性：苗期和孕穗期耐冷性较强。

产量及适宜地区：生产上一般产量4 500.0 ~ 5 250.0kg/hm^2。最大年（1965）推广面积10万hm^2，1965—1978年累计推广种植面积81万hm^2。适宜贵州一季中稻区种植。

栽培技术要点：注意防治稻瘟病。

糯7优8号（Nuo 7 you 8）

品种来源：四川农业大学正红生物技术有限责任公司以糯7A/糯恢8号为杂交组合选育而成。2012年通过贵州省农作物品种审定委员会审定，审定编号为黔审稻2012010。

形态特征和生物学特性：属粳型常规糯稻。全生育期151.5d，株高112.0cm，分蘖力较强，株型较好，茎秆较粗壮，剑叶较直立，叶色浓绿，叶鞘、叶缘紫色，颖尖紫色，大穗型。有效穗数198.0万穗/hm^2，穗粒数135.2粒，结实率82.7%。千粒重30.5g。

品质特性：食味鉴评78.1分。

抗性：稻瘟病抗性鉴定为“感”。

产量及适宜地区：2009年贵州省区域试验糯稻组平均产量8 277.3kg/hm^2，比对照农虎禾增产20.2%，增产极显著；2010年续试平均产量7 175.0kg/hm^2，比对照增产4.1%，增产显著；两年区域试验平均产量7 726.2kg/hm^2，比对照平均增产12.1%，两年累计10个试点8增2减，增产点（次）为80.0%。2010年生产试验平均产量7 886.0kg/hm^2，比对照平均增产12.2%，6个试点全部增产。适宜贵州省中低海拔稻区种植，稻瘟病常发区慎用。

栽培技术要点：清明节前后播种，播种前晒种、强氯精浸种、稀播匀播，科学肥水管理，培育多蘖壮秧。育秧方式采用旱育秧或两段育秧，秧龄不超过45d。合理密植，宽窄行栽插方式，栽插密度18.0万～22.5万穴/hm^2，随海拔升高或肥力降低增加种植密度。科学肥水管理，重底早追，增施磷、钾肥和有机肥，结合科学管水，够苗晒田，干湿壮籽，做到苗足、苗健、穗大、粒重。基施农家肥11 250.0kg/hm^2、尿素105.0kg/hm^2、普通过磷酸钙375.0kg/hm^2、氯化钾105.0kg/hm^2，移栽5d后施分蘖肥尿素45.0kg/hm^2，主穗圆秆后10d施穗肥尿素30.0kg/hm^2。苗期、破口期、齐穗期注意防治稻瘟病，分蘖期、孕穗期注意防治稻飞虱、螟虫，加强稻瘟病和其他病虫害防治。

黔南糯4号（Qiannannuo 4）

品种来源：贵州省黔南州农业科学研究所以丽水白糯/国青二号为杂交组合选育而成。1990年通过贵州省农作物品种审定委员会审定，审定编号为黔品审第194号。

形态特征和生物学特性：属中迟熟常规糯稻。全生育期155.0d，株高85.0cm，分蘖力强，株型好，籽粒卵形，无芒，落粒性易，成穗率高。有效穗数285.0万穗/hm^2，穗长15.0cm，穗粒数90.0粒，结实率90.0%。千粒重26.0g。

品质特性：糙米粒长5mm，糙米长宽比2.0，糙米率80.1%，精米率71.0%，整精米率60.0%，垩白粒率85.0%，垩白度6.6%，透明度3.0级，碱消值7.0级，胶稠度85.0mm，直链淀粉含量0.1%，糙米蛋白质含量10.4%。

抗性：耐肥抗倒伏，耐冷性强，较抗稻瘟病和恶苗病，

产量及适宜地区：1995—1996年参加贵州省区域试验，平均产量6 520.5kg/hm^2，比对照贵辐糯增产27.7%；1996—1997年生产试验，平均产量6 915.0kg/hm^2，比对照贵辐糯增产31.8%。可在贵州省海拔1 200m以下的水稻适宜地区种植，稻瘟病重发区慎用。

栽培技术要点：适时稀播，培育壮秧，秧龄以35d为宜。合理密植，栽插密度27万穴/hm^2，每穴栽1～2苗。科学施肥，以基肥为主，追肥为辅，注意氮、磷、钾肥合理搭配。科学管水，采取“浅—深—浅”的灌溉方式，中期适当晒田，后期干干湿湿。及时防治病虫害。

黔南粘1号（Qiannanzhan 1）

品种来源：贵州省黔南州农业科学研究所以湘东常规稻选育而成。1977年通过贵州省农作物品种审定委员会审定，审定编号为黔稻4号。

形态特征和生物学特性：属粳型常规稻。全生育期152.0d，株高92.0cm，分蘖力中等，每穗粒数中等，米质中等。有效穗数339.0万穗/hm^2，穗长17.6cm，穗粒数98.0粒，结实率81.1%。千粒重27.3g。

品质特性：属高直链淀粉含量品种。米质中等。

抗性：耐瘠省肥，肥力适应性弹性较大。抗早衰，抗稻瘟病、白叶枯病能力亦较强。

产量及适宜地区：适宜黔中海拔1 000m左右地区种植。在湘东地区换种该品种有一定增产。

栽培技术要点：多本密植。适量早施分蘖肥。

黔南粘4号（Qiannanzhan 4）

品种来源：贵州省黔南州农业科学研究所以科六早/八四矮534为杂交组合选育而成。1977年通过贵州省农作物品种审定委员会审定，审定编号为黔稻3号。

形态特征和生物学特性：属粳型常规稻。全生育期146.0d，株高106.0cm，分蘖力中等，每穗粒数多，米质中等。有效穗数369.0万穗/hm^2，穗长21.0cm，穗粒数131.0粒，结实率85.0%。千粒重24.5g。

品质特性：米质中等。

抗性：高感纹枯病及叶鞘腐败病。抗衰性好，青秆黄熟。

产量及适宜地区：适宜黔中海拔1 000m左右地区，中等以上肥力稻田种植。最大年推广面积0.3万hm^2，累计推广种植面积3万hm^2。

栽培技术要点：适当密植，嫩壮秧早浅插，追肥宜早，及时中耕除草。分蘖末期重晒田，后期湿润灌溉，以控制纹枯病的发生。

黔南粘5号（Qiannanzhan 5）

品种来源：贵州省黔南州农业科学研究所以科六早/八四矮534为杂交组合选育而成。1977年通过贵州省农作物品种审定委员会审定，审定编号为黔稻2号。

形态特征和生物学特性：属粳型常规稻。全生育期152.0d，株高90.0cm，分蘖力中等，株型集散适中，叶片中宽直立，稃尖无色，无芒，着粒密度中等，米质中等。有效穗数315.0万穗/hm^2，穗长18.5cm，穗粒数110.0粒，结实率80.5%。千粒重22.0g。

品质特性：糙米率75.0%，米质中上。

抗性：耐肥不耐瘠，较抗倒伏，中抗白叶枯病和稻穗颈瘟，易感纹枯病。

产量及适宜地区：一般产量10 500.0 ~ 12 000.0kg/hm^2，高的可达14 250kg/hm^2。适宜黔中海拔1 000m左右地区的中上等肥力坝田种植，宜作一季中稻栽培。最大年推广面积0.1万hm^2，累计推广面积1万hm^2。

栽培技术要点：宜栽中等以上肥力稻田。施足底肥，早施分蘖肥。分蘖末期适度晒田，后期采取湿润灌溉，以控制纹枯病的发生和发展。

黔糯204（Qiannuo 204）

品种来源：贵州省农业科学院水稻研究所由植选M_2经花粉培育选育而成。1988年通过贵州省农作物品种审定委员会审定，审定编号为黔稻20号。

形态特征和生物学特性：属中熟常规粳稻。感光性和感温性中等。全生育期160.5d，株高88.5cm，分蘖力中等，株型紧凑，茎秆粗壮，叶片窄而直立，叶色浓绿，着粒密度中等。有效穗数248.0万穗/hm^2，穗长16.6cm，穗粒数94.8粒，结实率81.5%。千粒重25.1g。

品质特性：糙米粒长5.5mm，糙米长宽比2.5，糙米率78.6%，精米率70.4%，整精米率61.5%，碱消值6.0级，胶稠度88.0mm，直链淀粉含量1.2%。

抗性：中抗苗期和穗期稻瘟病。

产量及适宜地区：1985—1986年参加贵州省糯稻区域试验，两年平均产量4 810.2kg/hm^2。最大年（1988）推广面积1万hm^2，1988—1991年累计推广面积1万hm^2。适宜贵州一季中稻地区种植。

栽培技术要点：播前时进行种子处理。注意防治病虫害。

鑫糯1号（Xinnuo 1）

品种来源：贵州铜仁鑫天地农业发展有限公司以印江丫丫糯/海南糯为杂交组合选育而成。2009年通过贵州省农作物品种审定委员会审定，审定编号为黔审稻2009011。

形态特征和生物学特性：属粳型常规糯稻。全生育期153.4d，株高110.9cm，分蘖力强，株型松散适中，苗期生长势旺，叶色淡绿，籽粒长形，颖尖无色，无芒，穗型中等。有效穗数261.0万穗/hm^2，穗长22.1cm，穗粒数126.8粒，结实率87.0%。千粒重26.6g。

品质特性：胶稠度100.0mm，直链淀粉含量1.2%。

抗性：抗苗期和穗期稻瘟病。

产量及适宜地区：贵州省区域试验两年平均产量8 148.3kg/hm^2，比对照增产21.9%，9个点全部增产。最大年（2010）推广面积0.4万hm^2，2010—2012年累计推广种植面积1万hm^2。适宜贵州省中、低海拔，温热、温和气候，土壤肥力中等以上、排灌条件良好、光照充足的中迟熟籼稻区种植。

栽培技术要点：以3月下旬至4月上旬播种为宜，大田用种量15.0 ~ 22.5kg/hm^2。育秧方式采用新型旱育直插秧、旱育保苗、生态旱育秧和无纺布覆盖技术。栽插实行东西向、宽窄行移栽，栽插密度22.5万穴/hm^{2}以上，每穴2苗。施肥遵循“重施基肥，早追分蘖肥，巧施穗粒肥，平衡施肥”的原则。特别注意当秧苗茎蘖数达目标穗数的90.0%时，应及时晒田控苗，晒田应在倒5叶时结束。重点做好以稻瘟病、稻纵卷叶螟、稻飞虱为主的病虫综合防治工作。

兴糯1号（Xingnuo 1）

品种来源：贵州省黔西南州农业科学研究所以红星糯/成糯24为杂交组合选育而成。1999年通过贵州省农作物品种审定委员会审定，审定编号为黔品审第195号。

形态特征和生物学特性：属中迟熟粳型常规糯稻。全生育期166.0d，株高100.0cm，分蘖力中等，株型好，籽粒卵形，短芒，落粒性易，米质优，糯性好。有效穗数255.0万穗/hm^2，穗长21.0 cm，穗粒数112.0粒，结实率80.7%。千粒重27.0 g。

品质特性：糙米粒长5.1mm，糙米长宽比1.7，糙米率80.9%，精米率72.4%，整精米率62.5%，碱消值7.0级，胶稠度100.0mm，直链淀粉含量1.2%，糙米蛋白质含量9.5%。

抗性：耐肥抗倒，抗寒性好，中抗苗期稻瘟病，中感穗期稻瘟病，中抗白叶枯病，中感褐飞虱和白背飞虱，苗期和孕穗期耐冷性较强，耐旱和耐盐能力中等。

产量及适宜地区：1993—1994年参加贵州省水稻区域试验，平均产量4 953.0kg/hm^2，比对照增产7.3%；1995—1996年参加贵州省水稻生产试验，平均产量5 860.5kg/hm^2，比对照增产11.9%。最大年（2003）推广面积1万hm^2，1999—2005年累计推广种植面积5万hm^2。可在贵州省海拔800m以上的水稻适宜地区种植。

栽培技术要点：适时稀播，培育壮秧，秧龄以35d为宜。合理密植，栽插密度22.5万～30.0万穴/hm^2，每穴1～2苗。科学施肥，以基肥为主，追肥为辅，注意氮、磷、钾肥的合理搭配。科学管水，采取浅水栽秧，深水返青，浅水分蘖，后期干干湿湿。及时防治病虫害。

兴糯922（Xingnuo 922）

品种来源：贵州省黔西南州农业科学研究所以红星糯/黑糯84为杂交组合选育而成。

形态特征和生物学特性：属晚熟粳型黑糯常规稻。全生育期167.0d，株高101.8cm，分蘖力弱，颖壳黑色，短芒，糯性好。有效穗数201.0万穗/hm^2，穗长21.0cm，穗粒数121.2粒，结实率68.9%。千粒重23.2g。

品质特性：糙米粒长5.0mm，糙米长宽比1.6，糙米率80.1%，精米率68.%，整精米率56.2%，碱消值7.0级，胶稠度100.0mm，直链淀粉含量1.1%，糙米蛋白质含量9.3%。

抗性：中抗苗期稻瘟病，中感穗期稻瘟病，中抗白叶枯病，中感褐飞虱和白背飞虱，苗期和孕穗期耐冷性较强。

产量及适宜地区：1993—1994年参加贵州省糯稻区域试验，两年平均产量3 894.0kg/hm^2，比对照增产16.5%；1995—1996年参加贵州省糯稻生产试验，平均产量4 723.5kg/hm^2，增产14.0%。最大年（2002）推广面积1万hm^2，1996—2005年累计推广种植面积5万hm^2。适宜黔西南州种植。

栽培技术要点：湿润育秧或两段育秧均可，适时稀播，培育壮秧，秧龄以35d为宜。合理密植，栽插密度22.5万～30.0万穴/hm^2，每穴1～2苗。科学施肥，以基肥为主，追肥为辅，注意氮、磷、钾肥的合理搭配。科学管水，采取浅水栽秧，深水返青，浅水分蘖，后期浅水灌浆结实，湿润田黄熟，以保证籽粒灌浆饱满，提高整精米率。及时防治病虫害，尤其是注意防治稻瘟病。

遵糯优101（Zunnuoyou 101）

品种来源：贵州省遵义市农业科学研究所以密阳83/特青2号//A491-43为杂交组合选育而成。2009年通过贵州省农作物品种审定委员会审定，审定编号为黔审稻2009010。

形态特征和生物学特性：属迟熟粳型常规糯稻。全生育期148.8d，株高111.2cm，分蘖力较差，株型紧凑，叶色淡绿，着粒密度中等。有效穗数222.0万穗/hm^2，穗长24.4cm，穗粒数164.7粒，结实率88.6%。千粒重27.1g。

品质特性：糙米粒长5.8mm，糙米长宽比2.1，精米率70.5%，整精米率68.2%，碱消值5.0级，胶稠度100.0mm，直链淀粉含量1.4%。

抗性：苗期和孕穗期耐冷性较强。

产量及适宜地区：2007—2008年参加贵州省糯稻组区域试验，两年平均产量7 504.5kg/hm^2；2008年多点生产试验，平均产量8 292.2kg/hm^2。2011年示范推广种植面积0.1万hm^2。适宜贵州省海拔1 300m以下地区种植。

栽培技术要点：适时早播，培育多蘖壮秧，采用两段育秧或旱育秧。合理密植，栽足基本苗，栽插密度16.5万～22.5万穴/hm^2，每穴1～2苗为宜。加强肥水管理，氮、磷、钾肥配合施用，重施早追，一般基施农家肥15 000.0kg/hm^2和过磷酸钙750.0kg/hm^2左右，追施尿素225.0kg/hm^2左右。及时防治病虫害，适时收割、翻晒、贮藏，确保高产丰收。

第三节　杂交籼稻

Ⅰ优4761（Ⅰ you 4761）

品种来源：贵州省农业科学院水稻研究所以优IA/4761配组育成。1998年通过贵州省农作物品种审定委员会审定，审定编号为黔品审第169号。

形态特征和生物学特性：属晚熟籼型三系杂交稻。全生育期152.0d，株高101.0cm，分蘖力强，后期青秆黄熟，叶片窄、直立，叶色浓绿。有效穗数268.1万穗/hm^2，穗粒数150.0粒，结实率80.0%。千粒重27.0g。

品质特性：糙米长宽比2.5，糙米率82.6%，精米率75.1%，整精米率63.7%，垩白度16.4%，透明度3.0级，碱消值5.3级，胶稠度42.0mm，直链淀粉含量23.1%。

抗性：中抗苗期和穗期稻瘟病，中抗白叶枯病，孕穗期耐冷性较强。

产量及适宜地区：1993—1994年贵州省区域试验中，两年平均产量8 685.0kg/hm^2，比对照组合汕优63增产4.7%。1995年进入生产试验，平均产量9 615.0kg/hm^2，比对照汕优63增产6.1%；1996年生产试验平均产量8 167.5kg/hm^2，比对照组合增产11.5%。最高产量达12 000.0kg/hm^{2}以上。适宜在海拔1 100m以下的地区种植，该组合属穗重型组合。

栽培技术要点：大田栽培应注意适当追施穗肥；灌浆期较长，不宜断水过早。

Ⅱ优406（Ⅱ you 406）

品种来源：贵州省水稻研究所（贵州省农业科学院水稻研究所）以Ⅱ-32A/G406配组育成。2009年通过贵州省农作物品种审定委员会审定，审定编号为黔审稻2009002。

形态特征和生物学特性：属籼型三系杂交稻。全生育期159.2d，株高105.2cm，分蘖力强，株型适中，剑叶直立，形态较好，叶色深，籽粒团粒形，颖壳无色，颖尖无色。有效穗数250.5万穗/hm^2，穗长25.6cm，穗粒数136.6粒，结实率82.5%。千粒重28.4g。

品质特性：糙米粒长6.5mm，糙米长宽比2.1，糙米率73.0%，精米率68.6%，整精米率60.0%，垩白粒率91.0%，垩白度10.0%，透明度2.0级，碱消值6.0级，胶稠度57.0mm，直链淀粉含量19.0%，糙米蛋白质含量8.8%。

抗性：耐肥、抗倒，感苗期和穗期稻瘟病，苗期和孕穗期耐冷性强。

产量及适宜地区：贵州省区域试验两年平均产量9 245.9kg/hm^2，比对照Ⅱ优838增产5.5%，增产点次占80%。生产试验平均产量9 169.4kg/hm^2，比对照增产3.4%，增产点（次）为66.7%。最大年（2012）推广面积3万hm^2，2010—2012年累计推广面积6万hm^2。适宜黔东、黔东南海拔800m以下地区，黔中、黔南、黔西、黔北海拔1 000m以下地区，黔西南1 200m以下地区种植。

栽培技术要点：早播早插，培育壮秧，合理密植，宽窄行栽插方式。采用旱育秧或两段育秧方式培育壮秧，秧龄40 ~ 50d，单株分蘖达3 ~ 4个。采用旱育秧方式要特别注意立枯病的防治，防止高温烧苗和苗床积水。科学用肥，以基肥为主，注重分蘖肥和穗肥。苗期、破口期、齐穗期注意稻瘟病的防治，分蘖期、孕穗期注意稻飞虱、螟虫的防治。

Ⅱ优T16（Ⅱ you T16）

品种来源：贵州省铜仁市农业科学研究所以Ⅱ-32A/TR16配组育成。2012年通过贵州省农作物品种审定委员会审定，审定编号为黔审稻2012006。

形态特征和生物学特性：属早熟籼型三系杂交稻。全生育期163.3d，株高105.3cm，分蘖力较强，株型较紧凑，茎秆较粗壮，剑叶挺直，叶片、叶缘、叶鞘均绿色，籽粒长形，颖尖紫色，无芒，后期转色好，大穗型。有效穗数238.5万穗/hm^2，穗粒数139.0粒，结实率78.0%。千粒重28.7g。

品质特性：糙米粒长6.4mm，糙米长宽比2.5，糙米率81.3%，精米率74.3%，整精米率70.5%，垩白粒率39.0%，垩白度3.1%，透明度1.0级，碱消值4.5级，胶稠度40.0mm，直链淀粉含量25.5%。食味鉴评64.3分。

抗性：稻瘟病抗性鉴定为“感”，耐冷性鉴定为“较弱”。

产量及适宜地区：2010年贵州省区域试验平均产量8 779.5kg/hm^2，比对照Ⅱ优838增产8.3%，达极显著水平；2011年续试平均产量9 621.0kg/hm^2，比对照增产9.3%，达极显著水平；两年平均产量9 200.3kg/hm^2，比对照增产8.8%，15个试点11增4减，增产点（次）为73.3%。2011年生产试验平均产量9 816.0kg/hm^2，比对照增产5.2%，4个试点3增1减，增产点（次）为75%。适宜贵州省海拔800m以下迟熟杂交籼稻区种植，稻瘟病常发区慎用。

栽培技术要点：清明节前后播种，播种前晒种、强氯精浸种、稀播匀播，科学肥水管理，培育多蘖壮秧。育秧方式采用旱育秧或两段育秧，秧龄不超过45d。宽窄行栽插方式，栽插密度18.0万～22.5万穴/hm^2，随海拔升高或肥力降低增加种植密度。重底早追，增施磷、钾肥和有机肥，结合科学管水，够苗晒田，干湿壮籽，做到苗足、苗健、穗大、粒重。基施农家肥11 250.0kg/hm^2、尿素105.0kg/hm^2、普通磷酸钙375.0kg/hm^2、氯化钾105.0kg/hm^2，移栽5d后施分蘖肥尿素45.0kg/hm^2，主穗圆秆后10d施穗肥尿素30.0kg/hm^2。苗期、破口期、齐穗期注意稻瘟病的防治，分蘖期、孕穗期注意稻飞虱、螟虫的防治。

G优298（G you 298）

品种来源：贵州省水稻研究所（贵州省农业科学院水稻研究所）、贵州省水稻工程技术研究中心以G29A/R894配组育成。2013年通过贵州省农作物品种审定委员会审定，审定编号为黔审稻2013009。

形态特征和生物学特性：属早熟籼型三系杂交稻。全生育期153.9d，株高92.1cm，分蘖力较强，株型较好，茎秆较粗壮，剑叶挺直，叶色浓绿，叶缘、叶鞘均紫色，稃粒长形，颖尖紫色，无芒，后期转色好，大穗型。有效穗数237.0万穗/hm^2，穗粒数136粒，结实率80.1%。千粒重30.1g。

品质特性：糙米长宽比2.7，整精米率58.3%，垩白粒率85.0%，垩白度10.2%，透明度2.0级，胶稠度40.0mm，直链淀粉含量20.4%。食味鉴评67.0分。

抗性：稻瘟病抗性鉴定2010年、2011年综合评价均为“感”；耐冷性鉴定2010年、2011年综合评价均为“强”。

产量及适宜地区：2010年贵州省区域试验平均产量9 103.5kg/hm^2，比对照香早优2017增产10.3%；2011年续试平均产量10 516.5kg/hm^2，比对照香早优2017增产4.0%；两年平均产量9 780.0kg/hm^2，比对照增产6.8%，15个点11增4减，增产点（次）为73.3%。2012年生产试验平均产量7 596.0kg/hm^2，比对照香早优2017增产4.4%，5个点4增1减，增产点（次）为80.0%。适宜贵州省早熟杂交籼稻区种植，稻瘟病常发区慎用。

栽培技术要点：由于生育期较短，栽培上秧龄不宜长，一般秧龄不要超过40d。栽插密度根据各地不同生态条件和种植习惯决定，一般以15.0万～22.5万穴/hm^2为宜。施肥上应早施分蘖肥，栽插后1周内为宜；后期适当追施穗粒肥，以中等或以上肥力田为最适。苗期、破口期、齐穗期注意稻瘟病的防治，分蘖期、孕穗期注意稻飞虱、螟虫的防治。

K优2020（K you 2020）

品种来源：贵州省黔南州农业科学研究所以K17A/QN2020配组育成。2002年通过贵州省农作物品种审定委员会审定，审定编号为黔审稻2002010。

形态特征和生物学特性：属感温型中熟籼型杂交稻。全生育期153.0d，株高95.0cm，株型清秀，茎秆粗壮，叶片直立，剑叶直立，籽粒较大、长形，颖壳黄色，有芒，穗层整齐，穗部弯曲，叶下禾。有效穗数300.0万穗/hm^2，穗长20.0cm，穗粒数121.0粒，结实率75.0%。千粒重29.5g。

品质特性：米质较优，食味较好。

抗性：自然鉴定高抗苗期和穗期稻瘟病；苗期耐寒性中等，孕穗期耐冷性强，能经受住异常年份高海拔地区低温的考验；后期抗倒伏性好，抗衰性强。

产量及适宜地区：1999年参加贵州省区域试验平均产量8 944.5kg/hm^2，比对照汕优63增产6.5%；2000年续试平均产量7 284.0kg/hm^2，比对照汕优晚3增产9.3%；2001年生产试验平均产量6 964.5kg/hm^2，比对照汕优晚3增产19.2%。适宜贵州省中熟稻作区种植。

栽培技术要点：易于栽培，无特殊要求，一般生产中采用两段育秧，湿润秧田稀播育壮秧，宽窄行拉绳栽秧，保证密度。多施有机肥，氮、磷、钾肥配合使用，干干湿湿管水，以增强田间抗病性。

K优267（K you 267）

品种来源：贵州省农业科学院水稻研究所以K17A/黔恢267配组育成。2003年通过贵州省农作物品种审定委员会审定，审定编号为黔审稻2003012。

形态特征和生物学特性：属中熟籼型三系杂交稻。全生育期150.0d，株高98.0cm，分蘖力强，株型紧凑，籽粒椭圆形，颖尖紫色，短芒，米质一般，直链淀粉含量高，可作为米粉专用稻。有效穗数270.0万穗/hm^2，穗粒数120.0粒，结实率80.0%。千粒重27.0g。

品质特性：糙米粒长7.3mm，糙米长宽比2.9，糙米率80.1%，精米率71.0%，整精米率54.2%，垩白粒率85.0%，垩白度14.3%，透明度3.0级，碱消值7.0级，胶稠度80.0mm，直链淀粉含量28.4%，糙米蛋白质含量10.4%。

抗性：中感苗期和穗期稻瘟病，苗期耐寒性中等，孕穗期耐冷性较强。

产量及适宜地区：1999—2000年贵州省区域试验中，平均产量7 915.5kg/hm^2，比对照汕优63增产5.7%。2001年生产试验平均产量7 132.5kg/hm^2，比对照增产15.8%。最大年（2006）推广面积4万hm^2，2004—2011年累计推广面积14万hm^2。适宜贵州中熟稻区种植，稻瘟病重发区慎用。

栽培技术要点：4月中下旬播种，采取两段育秧。栽插密度一般为15万穴/hm^{2}左右，栽插规格根据田块肥瘦情况，采取25.0cm×25.0cm至30.0cm×30.0cm正方形栽插，每穴2苗，采取小苗浅水栽培（秧龄15～20d）。重施底肥，一般基施农家肥15 000.0kg/hm^{2}和过磷酸钙750.0kg/hm^2，追施尿素225.0kg/hm^{2}左右。及时防治病虫害并进行水浆调节，成熟后及时收获。

K优467（K you 467）

品种来源：贵州省农业科学院水稻研究所以K17A/R467配组育成。2002年通过贵州省农作物品种审定委员会审定，审定编号为黔审稻2002007。

形态特征和生物学特性：属中早熟籼型三系杂交稻。全生育期150.9d，株高95.0cm，分蘖力中等，成穗率高。有效穗数300.0万穗/hm^2，穗长25.4cm，穗粒数130.0粒，结实率85.0%。千粒重27.5g。

品质特性：糙米粒长7.5mm，糙米长宽比3.2，糙米率79.3%，精米率68.8%，整精米率55.1%，垩白粒率37.8%，垩白度6.5%，透明度2.0级，碱消值7.0级，胶稠度64.0mm，直链淀粉含量19.7%，糙米蛋白质含量9.5%。

抗性：中感苗期和穗期稻瘟病，苗期耐寒性中等，孕穗期耐冷性较强。

产量及适宜地区：1999年贵州省区域试验，平均产量8 463.0kg/hm^2，比对照汕优晚3增产10.3%；2000年平均产量7 284.0kg/hm^2，比对照汕优晚3增产7.5%；生产试验平均产量7 398.0kg/hm^2，比对照汕优晚3增产14.9%。最大年（2005）推广面积4万hm^2，2003—2010年累计推广面积13万hm^2。适宜贵州省中早熟籼稻区种植，稻瘟病重发区慎用。

栽培技术要点：适时早播早插，注意培育多蘖壮秧，平衡施肥，合理密植，栽插密度22.5万～30.0万穴/hm^2；注意加强田间管理，综合防治病虫害。

安优08（Anyou 08）

品种来源：贵州省黔南州农业科学研究所以安丰A/QN2058配组育成。2011年通过贵州省农作物品种审定委员会审定，审定编号为黔审稻2011008。

形态特征和生物学特性：属早熟籼型三系杂交稻。全生育期157.7d，株高99.9cm，株型较好，茎秆较粗壮，叶色淡绿，剑叶较宽，叶鞘、叶缘紫色，颖尖紫色，无芒，后期转色好。有效穗数241.5万穗/hm^2，穗长24.3cm，穗粒数139.5粒，结实率77.8%。千粒重27.5g。

品质特性：糙米粒长6.9mm，糙米长宽比3.0，糙米率80.7%，精米率67.6%，整精米率57.7%，垩白粒率54.0%，垩白度3.8%，透明度1.0级，胶稠度80.0mm，直链淀粉含量19.6%。

抗性：中抗苗期和穗期稻瘟病，抗性鉴定为"感"，苗期耐冷性中等，孕穗期耐冷性较强。

产量及适宜地区：2009年贵州省区域试验平均产量9 349.5kg/hm^2，比对照金优207增产15.2%；2010年续试平均产量8 869.5kg/hm^2，比对照香早优2017增产7.5%；两年平均产量9 109.5kg/hm^2，比综合对照增产11.3%，15个试点14增1减，增产点（次）达93.3%。2010年贵州省生产试验平均产量7 684.5kg/hm^2，比对照增产2.7%，4个试点3增1减，增产点（次）为75.0%。适宜贵州省中籼早熟稻区种植，稻瘟病常发区慎用。

栽培技术要点：播种前晒种、强氯精浸种、稀播匀播，科学肥水管理，培育多蘖壮秧。育秧方式采用旱育秧或两段育秧，秧龄在40d左右。合理密植，宽窄行栽插方式，栽插密度18.0万～22.5万穴/hm^2。科学肥水管理，重底早追，增施磷、钾肥和有机肥，结合科学管水，够苗晒田，干湿壮籽，做到苗足、苗健、穗大、粒重。基施农家肥12 000.0kg/hm^2、尿素105.0kg/hm^2、普通过磷酸钙375.0kg/hm^2、氯化钾75.0kg/hm^2，移栽5d后施分蘖肥尿素75.0kg/hm^2，主穗圆秆后10d左右施穗肥尿素30.0kg/hm^2。苗期、破口期、齐穗期注意稻瘟病防治，同时注意加强分蘖期、孕穗期病虫害防治及田间管理。

安优136（Anyou 136）

品种来源：贵州省水稻研究所（贵州省农业科学研究院水稻研究所）以安丰A/黔恢136配组育成。2010年通过贵州省农作物品种审定委员会审定，审定编号为黔审稻2010011。

形态特征和生物学特性：属早熟籼型三系杂交稻。全生育期158.3d，株高95.1cm，分蘖力中等，株型集散适中，茎秆粗壮，叶片宽、挺、厚、淡绿，后期落色好。有效穗数238.5万穗/hm^2，穗长23.6cm，穗粒数136.2粒，结实率80.0%。千粒重28.5g。

品质特性：糙米粒长7.0mm，糙米长宽比3.0，糙米率79.6%，精米率69.6%，整精米率62.6%，垩白粒率30.0%，垩白度3.6%，透明度1.0级，碱消值4.2级，胶稠度80.0mm，直链淀粉含量15.0%。

抗性：中抗苗期和穗期稻瘟病，苗期耐冷性中等，孕穗期耐冷性中等。

产量及适宜地区：2008—2009年贵州省区域试验两年平均产量8 841.0kg/hm^2；生产试验平均产量8 959.5kg/hm^2。2010—2011年累计推广种植面积1万hm^2。适宜贵州省海拔1 000 ～ 1 300m区域种植，也可选择在中低海拔（600 ～ 1 000m）地区望天田种植，早熟品种可以保证在干旱年份有一定的产量。

栽培技术要点：清明节前后播种，秧龄35 ～ 40d为宜。培育壮秧，育秧方式采用薄膜拱棚旱育秧或两段育秧。合理密植，采用宽窄行栽插方式，栽插密度19.5万～ 22.5万穴/hm^2，随海拔升高或肥力降低增加种植密度。以基肥为主，注重分蘖肥和穗肥。基施农家肥15 000.0kg/hm^2、尿素105.0kg/hm^2、普通过磷酸钙375.0kg/hm^2、氯化钾105.0kg/hm^2，移栽5 ～ 7d后施分蘖肥尿素90kg/hm^2，在倒3叶期施穗肥尿素30.0kg/hm^2。在水稻生长的整个生育时期注意稻飞虱、螟虫、稻瘟病、稻曲病等病虫害的防治。

长优3613（Changyou 3613）

品种来源：四川双丰农业科学技术研究所以长丰A/双恢3613配组育成。2011年通过贵州省农作物品种审定委员会审定，审定编号为黔审稻2011009。

形态特征和生物学特性：属早熟籼型三系杂交稻。全生育期159.0d，株高99.2cm，分蘖力中等，株型好，茎秆粗壮，剑叶半卷，叶色淡绿，叶鞘、叶缘均紫色，颖尖紫色，无芒，后期转色好，穗型大。有效穗数208.5万穗/hm^2，穗长24.9cm，穗粒数为146.1粒，结实率78.4%。千粒重31.1g。

品质特性：糙米粒长7.3cm，糙米长宽比3.0，糙米率81.5%，精米率68.7%，整精米率60.3%，垩白粒率38.0%，垩白度3.0%，透明度1.0级，碱消值4.0级，胶稠度70.0mm，直链淀粉含量17.5%。

抗性：稻瘟病抗性鉴定为“感”。耐冷性鉴定为“较强”。

产量及适宜地区：2009年区域试验平均产量8 817.2kg/hm^2，比对照金优207增产8.7%；2010年续试平均产量9 087.8kg/hm^2，比对照香早优2017增产10.1%；两年平均产量8 952.5kg/hm^2，比对照增产9.4%，15个试点13增2减，增产点（次）为86.7%。2010年贵州省生产试验平均产量9 498.9kg/hm^2，比对照增产6.9%，4个试点3增1减，增产点（次）为75.0%。适宜贵州省中籼早熟稻区种植，稻瘟病常发区慎用。

栽培技术要点：清明节前后播种，播种前晒种、强氯精浸种、稀播匀播，科学肥水管理，培育多蘖壮秧。育秧方式采用旱育秧或两段育秧，秧龄不超过40d。合理密植，宽窄行栽插方式，栽插密度19.5万～24.0万穴/hm^2，随海拔升高或肥力降低增加种植密度。科学肥水管理，重底早追，增施磷、钾肥和有机肥，结合科学管水，够苗晒田，干湿壮籽，做到苗足、苗健、穗大、粒重。基施农家肥10 500.0kg/hm^2、尿素105.0kg/hm^2、普通过磷酸钙375.0kg/hm^2、氯化钾105.0kg/hm^2，移栽5d后施分蘖肥尿素45.0kg/hm^2，主穗圆秆后10d施穗肥尿素30.0kg/hm^2。苗期、破口期、齐穗期注意稻瘟病防治，分蘖期、孕穗期注意稻飞虱、螟虫防治。注意稻瘟病和其他病虫害的防治。

成优8319（Chengyou 8319）

品种来源：贵州省农作物品种资源研究所以成丰A/黔恢8319配组育成。2013年通过贵州省农作物品种审定委员会审定，审定编号为黔审稻2013002。

形态特征和生物学特性：属迟熟籼型三系杂交稻。全生育期161.0d，株高110.7cm，分蘖力较强，株型较松散，叶片中宽，下叶披散，剑叶挺立，叶色淡绿，叶鞘、叶枕均紫色，籽粒长形，颖尖紫色，偶有短芒，后期转色较好。有效穗数211.5万穗/hm^2，穗长26.2cm，穗粒数185.8粒，结实率73.2%。千粒重32.0g。

品质特性：糙米长宽比2.9，糙米率68.2%，整精米率58.3%，垩白粒率81.0%，垩白度8.1%，胶稠度70.0mm，直链淀粉含量18.3%。食味鉴评77.8分。

抗性：稻瘟病抗性鉴定综合评价为“感”。耐冷性鉴定结果2010年为“中等”，2011年为“较强”。

产量及适宜地区：2010年贵州省区域试验平均产量8 523.0kg/hm^2，比对照Ⅱ优838增产4.5%；2011年续试平均产量9 415.5kg/hm^2，比对照Ⅱ优838增产8.7%；两年平均产量8 968.5kg/hm^2，比对照Ⅱ优838增产6.6%，16个试点13增3减，增产点（次）为81.3%。2012年生产试验平均产量8 034.0kg/hm^2，比对照Ⅱ优838增产6.3%，5个试点全部增产。适宜贵州省迟熟杂交籼稻区种植，稻瘟病常发区慎用。

栽培技术要点：清明节前后播种，播种前晒种、强氯精浸种、稀播匀播，科学管理肥水，培育多蘖壮秧。育秧方式采用旱育秧或两段育秧，秧龄不超过45d。合理密植，宽窄行栽插方式，栽插密度18.0万～22.5万穴/hm^2，随海拔升高或肥力降低增加密度。科学运筹和管理肥水，重底早追，增施磷、钾肥和有机肥，结合科学管水，够苗晒田，干湿壮籽，做到苗足、苗健、穗大、粒重。基施农家肥11 250.0kg/hm^2、尿素105.0kg/hm^2、普通过磷酸钙375.0kg/hm^2、氯化钾105.0kg/hm^2，移栽5d后施分蘖肥尿素45.0kg/hm^2，主穗圆秆后10d施穗肥尿素30.0kg/hm^2。苗期、破口期、齐穗期要注意稻瘟病的防治，分蘖期、孕穗期注意稻飞虱、螟虫的防治。适时收获。

成优894（Chengyou 894）

品种来源：贵州省水稻研究所（贵州省农业科学研究院水稻研究所）、贵州省水稻工程技术研究中心、贵州金农科技有限责任公司以成丰A/R894配组育成。2012年通过贵州省农作物品种审定委员会审定，审定编号为黔审稻2012002。

形态特征和生物学特性：属迟熟籼型三系杂交稻。全生育期157.8d，株高109.3cm，分蘖力较强，株型适中，茎秆较粗壮，剑叶宽大挺直，叶色浓绿，叶缘、叶鞘呈紫色，颖尖紫色，有芒，后期转色好，穗型大。有效穗数216.0万穗/hm^2，穗长26.1cm，穗粒数189.9粒，结实率76.1%。千粒重31.3g。

品质特性：糙米粒长7.3mm，糙米长宽比2.9，糙米率81.6%，精米率73.9%，整精米率66.6%，垩白粒率73.0%，垩白度7.3%，透明度1.0级，碱消值4.0级，胶稠度40.0mm，直链淀粉含量25.9%。食味鉴评72.8分。

抗性：稻瘟病抗性鉴定综评：2010年为“感”，2011年为“中感”。耐冷性鉴定2010年为“较强”，2011年为“强”。

产量及适宜地区：2010年贵州省区域试验平均产量8 541.5kg/hm^2，比对照II优838增产7.0%，达极显著水平；2011年续试平均产量9 790.1kg/hm^2，比对照增产11.4%，达极显著水平；两年平均产量9 165.8kg/hm^2，比对照增产9.3%，16个试点13增3减，增产点（次）为81.3%。2011年生产试验平均产量9 954.6kg/hm^2，比对照增产6.7%，4个试点全部增产。适宜贵州省中迟熟杂交籼稻地区种植，稻瘟病常发区慎用。

栽培技术要点：根据该品种特性，结合生态条件确定栽插密度，低热地区（800m以下海拔）栽插密度15.0万～18.0万穴/hm^2，温凉地区（800～1 200m海拔）栽插18.0万～24.0万穴/hm^2。该品种早生快发特点明显，秧龄不宜超过40d（秧苗约7片叶）；早施分蘖肥，以栽插后1周内施用为好。

川谷优425（Chuanguyou 425）

品种来源：贵州友禾种业有限公司以川谷A/成恢425配组育成。2013年通过贵州省农作物品种审定委员会审定，审定编号为黔审稻2013008。

形态特征和生物学特性：属早熟籼型三系杂交稻。全生育期158.5d，株高95.3cm，株型适中，叶鞘紫色，柱头、颖尖均紫色，籽粒长形，无芒，后期转色好。有效穗数229.5万穗/hm^2，穗粒数135.4粒，结实率80.0%。千粒重31.4g。

品质特性：糙米长宽比2.9，整精米率56.5%，垩白粒率58.0%，垩白度7.0%，透明度1.0级，胶稠度45.0mm，直链淀粉含量20.5%。食味鉴评70.5分。

抗性：稻瘟病抗性鉴定综合评价为“感”。耐冷性鉴定2010年评价为“较弱”，2011年为“较强”。

产量及适宜地区：2009年贵州省区域试验平均产量9 109.5kg/hm^2，比对照金优207增产12.3%；2010年续试平均产量9 147.0kg/hm^2，比对照香早优2017增产10.8%；两年平均产量9 127.5kg/hm^2，比对照增产11.5%，15个点14增1减，增产点（次）为93.3%。2012年生产试验平均产量7 672.5kg/hm^2，比对照增产5.5%，5个点4增1减，增产点（次）为80.0%。适宜贵州省早熟杂交籼稻区种植。

栽培技术要点：清明节前后播种，播种前晒种、咪鲜胺浸种，稀播匀播，科学肥水管理，培育多蘖壮秧。育秧方式采用旱育秧或两段育秧，秧龄不超过45d。合理密植，宽窄行栽插方式，栽插密度18.0万～22.5万穴/hm^2，随海拔升高或肥力降低增加种植密度。科学肥水管理，重底早追，增施磷、钾肥和有机肥，结合科学管水，够苗晒田，干湿壮籽，做到苗足、苗健、穗大、粒重。基施农家肥11 250.0kg/hm^2、尿素105.0kg/hm^2、普通过磷酸钙375.0kg/hm^2、氯化钾105.0kg/hm^2，移栽5d后施分蘖肥尿素45.0kg/hm^2，主穗圆秆后10d施穗肥尿素30.0kg/hm^2。苗期、破口期、齐穗期注意稻瘟病的防治，分蘖期、孕穗期注意稻飞虱、螟虫的防治。

川香2058（Chuanxiang 2058）

品种来源：贵州省黔南州农业科学研究所以川香29A/QN2058配组育成。2009年通过云南省农作物品种审定委员会审定，审定编号为滇审稻2009020。

形态特征和生物学特性：属迟熟籼型三系杂交稻。全生育期151.0d，株高117.1cm，分蘖力较强，株型紧凑，松散适中，剑叶长直，叶色青秀，熟色较好。有效穗数270.0万穗/hm^2，穗长24.1cm，穗粒数180.0粒，结实率76.0%。千粒重30.6g。

品质特性：糙米粒长6.9mm，糙米长宽比2.8，糙米率79.7%，精米率68.4%，整精米率63.7%，垩白粒率44.0%，垩白度3.7%，透明度1.0级，碱消值5.0级，胶稠度62.0mm，直链淀粉含量25.1%。

抗性：抗苗期和穗期稻瘟病。

产量及适宜地区：2007—2008年参加云南省杂交籼稻品种A组区域试验，两年平均产量9 750.0kg/hm^2，比对照增产8.7%，增产点（次）为84.6%。生产试验平均产量9 009.0kg/hm^2，比对照增产8.9%。适宜云南省海拔1 200m以下的籼稻区种植。

栽培技术要点：采用旱育稀植薄膜育秧或湿润稀植薄膜育秧，整地前施腐熟农家肥22 500.0kg/hm^2、过磷酸钙750.0kg/hm^2，然后翻犁耙平，浅水沉淀1 ~ 2d后进行移栽。栽插密度13.2cm × 29.7cm或9.9cm × 29.7cm，保证栽插密度为25.2万～33.3万穴/hm^2。

锋优308（Fengyou 308）

品种来源：贵州省农作物品种资源研究所、贵州省水稻研究所（贵州省农业科学院水稻研究所）、贵州日月丰农业科技有限公司以锋68A/贵恢308配组育成。2011年通过贵州省农作物品种审定委员会审定，审定编号为黔审稻2011002。

形态特征和生物学特性：属迟熟籼型三系杂交稻。全生育期158.9d，株高111.0cm，分蘖力中等，株型好，茎秆粗壮，剑叶直，叶色绿，叶缘、叶鞘紫色，籽粒长形，颖尖紫色，无芒，后期转色好，大穗型。有效穗数217.5万穗/hm^2，穗粒数143.1粒，结实率78.8%。千粒重30.0g。

品质特性：糙米长宽比2.5，整精米率62.8%，垩白粒率53.0%，垩白度5.3%，透明度1.0级，胶稠度50.0mm，直链淀粉含量21.4%。食味鉴评68.7分。

抗性：稻瘟病抗性鉴定为“感”。耐冷性鉴定为“较强”。

产量及适宜地区：2009年初试平均产量9 329.4kg/hm^2，比对照增产6.6%。2010年续试平均产量8 716.4kg/hm^2，比对照增产6.8%；两年平均产量9 023.0kg/hm^2，比对照增产6.7%，16个试点15增1减，增产点（次）达93.8%。2010年贵州省生产试验平均产量8 631.2kg/hm^2，比对照增产7.8%，6个试点5增1减，增产点（次）为83.3%。适宜贵州省中籼迟熟稻区种植，稻瘟病常发区慎用。

栽培技术要点：清明节前后播种，播种前晒种、强氯精浸种、稀播匀播，科学肥水管理，培育多蘖壮秧。育秧方式采用旱育秧或两段育秧，秧龄不超过45d。合理密植，宽窄行栽插方式，栽插密度18.0万～22.5万穴/hm^2，随海拔升高或肥力降低增加种植密度。科学肥水管理，重底早追，增施磷、钾肥和有机肥，结合科学管水，够苗晒田，干湿壮籽，做到苗足、苗健、穗大、粒重。基施农家肥15 000.0kg/hm^2、尿素105.0kg/hm^2、普通过磷酸钙375.0kg/hm^2、氯化钾105.0kg/hm^2，移栽5d后施分蘖肥尿素75.0kg/hm^2，主穗圆秆后10d施穗肥尿素30.0kg/hm^2。苗期、破口期、齐穗期注意稻瘟病的防治，分蘖期、孕穗期注意稻飞虱、螟虫的防治。

锋优69（Fengyou 69）

品种来源：贵州日月丰农业科技有限公司以锋68A/丰恢69配组育成。2013年通过贵州省农作物品种审定委员会审定，审定编号为黔审稻2013005。

形态特征和生物学特性：属迟熟籼型三系杂交稻。全生育期161.0d，株高110.1cm，分蘖力较强，株型较好，茎秆粗壮，剑叶直立，叶色浓绿，叶缘、叶鞘紫色，籽粒长形，颖尖紫色，无芒，后期转色好，大穗型。有效穗数234.0万穗/hm^2，穗粒数182.9粒，结实率75.3%。千粒重30.3g。

品质特性：糙米长宽比3.1，整精米率62.8%，垩白粒率45.0%，垩白度3.6%，透明度1.0级，胶稠度80.0mm，直链淀粉含量17.8%。食味鉴评78.0分。

抗性：稻瘟病抗性鉴定为"感"。耐冷性鉴定结果2010年为"中等",2011年为"较强"。

产量及适宜地区：2010年贵州省区域试验初试平均产量8 656.5kg/hm^2，比对照Ⅱ优838增产6.1%；2011年续试平均产量9 490.5kg/hm^2，比对照增产4.8%；两年平均产量9 073.5kg/hm^2，比对照增产5.4%，16个试点全部增产。2012年生产试验平均产量8 031.0kg/hm^2，比对照增产6.3%，5个点全部增产。适宜贵州省迟熟杂交籼稻区种植，稻瘟病常发区慎用。

栽培技术要点：清明节前后播种，播种前晒种、强氯精浸种、稀播匀播，科学肥水管理，培育多蘖壮秧。育秧方式采用旱育秧或两段育秧，秧龄不超过40d。合理密植，宽窄行栽插方式，栽插密度19.5万～24.0万穴/hm^2，随海拔升高或肥力降低增加种植密度。科学肥水管理，重底早追，增施磷、钾肥和有机肥，结合科学管水，够苗晒田，干湿壮籽，做到苗足、苗健、穗大、粒重。基施农家肥15 000.0kg/hm^2、尿素105.0kg/hm^2、普通过磷酸钙375.0kg/hm^2、氯化钾105.0kg/hm^2，移栽5d后施分蘖肥尿素75.0kg/hm^2，主穗圆秆后10d施穗肥尿素30.0kg/hm^2。苗期、破口期、齐穗期注意稻瘟病的防治，分蘖期、孕穗期注意稻飞虱、螟虫的防治。

锋优85（Fengyou 85）

品种来源：贵州日月丰农业科技有限公司以锋68A/丰恢85配组育成。2013年通过贵州省农作物品种审定委员会审定，审定编号为黔审稻2013006。

形态特征和生物学特性：属迟熟籼型三系杂交稻。全生育期为160.2d，株高113.3cm，分蘖力较强，株型较好，茎秆粗壮，剑叶直立，叶色深绿，籽粒长形，颖尖紫色，柱头紫色，无芒，后期转色好，大穗型。有效穗数241.5万穗/hm^2，穗粒数171.1粒，结实率76.1%。千粒重29.9g。

品质特性：糙米长宽比3.1，整精米率62.3%，垩白粒率45.0%，垩白度3.6%，透明度1.0级，胶稠度80.0mm，直链淀粉含量21.4%。食味鉴评81.4分。

抗性：稻瘟病抗性鉴定2010年综合评价为“感”，2011年为“中感”；耐冷性鉴定2010年评价为“弱”，2011年为“中等”。

产量及适宜地区：2010年贵州省区域试验初试平均产量8 481.0kg/hm^2，比对照Ⅱ优838增产6.2%；2011年续试平均产量9 439.5kg/hm^2，比对照Ⅱ优838增产6.0%；两年区域试验平均产量8 959.5kg/hm^2，比对照Ⅱ优838增产6.1%，16个点15增1减，增产点（次）达93.8%。2012年生产试验平均产量8 535.0kg/hm^2，比对照增产9.1%，5个点全部增产。适宜贵州省迟熟杂交籼稻区种植，注意防御秋风，稻瘟病常发区慎用。

栽培技术要点：清明节前后播种，播种前晒种、强氯精浸种、稀播匀播，科学肥水管理，培育多蘖壮秧。育秧方式采用旱育秧或两段育秧，秧龄不超过40d。合理密植，宽窄行栽插方式，栽插密度19.5万～24.0万穴/hm^2，随海拔升高或肥力降低增加种植密度。科学肥水管理，重底早追，增施磷、钾肥和有机肥，结合科学管水，够苗晒田，干湿壮籽，做到苗足、苗健、穗大、粒重。基施农家肥15 000.0kg/hm^2、尿素105.0kg/hm^2、普通过磷酸钙375.0kg/hm^2、氯化钾105.0kg/hm^2，移栽5d后施分蘖肥尿素75.0kg/hm^2，主穗圆秆后10d施穗肥尿素30.0kg/hm^2。苗期、破口期、齐穗期注意稻瘟病的防治，分蘖期、孕穗期注意稻飞虱、螟虫的防治。

赣优5359（Ganyou 5359）

品种来源：湖南金健种业有限责任公司以赣香A/远恢5359配组育成。2013年通过贵州省农作物品种审定委员会审定，审定编号为黔审稻2013003。

形态特征和生物学特性：属迟熟籼型三系杂交稻。全生育期155.8d，株高108.9cm，分蘖力中等，株型适中，剑叶直立，籽粒长形，颖尖紫色，无芒，大穗型。有效穗数217.5万穗/hm^2，穗长24.5cm，穗粒数188.1粒，结实率77.1%。千粒重31.0g。

品质特性：糙米长宽比2.5，糙米率80.0%，整精米率54.2%，垩白粒率56.0%，垩白度7.3%，胶稠度48.0mm，直链淀粉含量20.3%。食味鉴评70.9分。

抗性：稻瘟病抗性鉴定2011年综合评价为“感”、2012年为“中感”，耐冷性鉴定2011年评价为“较强”、2012年为“较弱”。

产量及适宜地区：2011年贵州省区域试验平均产量9 844.5kg/hm^2，比对照（组内平均值）增产5.0%；2012年续试平均产量9 270.0kg/hm^2，比对照Ⅱ优838增产5.0%；两年平均产量9 558.0kg/hm^2，比对照增产5.0%，16个点12增4减，增产点（次）为75.0%。2012年生产试验平均产量8 055.0kg/hm^2，比对照Ⅱ优838增产6.3%，5个点3增2减，增产点（次）为60.0%。适宜贵州省迟熟杂交籼稻区种植，稻瘟病常发区慎用。

栽培技术要点：一般4月中下旬播种，具体播期可参照当地Ⅱ优838播期。秧田用种量在120.0kg/hm^2以内，秧龄适期30d，大田用种量18.0～22.5kg/hm^2。分蘖力中等，大田种植需保证基本苗，实行宽行窄株或宽窄行栽培，行株距为17.0cm×（27.0～33.0）cm，栽插密度18.0万～22.5万穴/hm^2。本田期施足基肥，多施有机肥，氮、磷、钾肥配合施用，忌偏施氮肥，特别是后期要适当控氮；施纯氮180.0kg/hm^2，氮、磷、钾之比1∶0.6∶1。在水分管理上，坚持浅水勤灌和干干湿湿好气栽培，收割前7d断水，以利灌浆结实。及时防治稻瘟病、稻飞虱等病虫害，分蘖盛期防治纹枯病1～2次。

冈优608（Gangyou 608）

品种来源：贵州省黔东南州农业科学研究所以冈46A/凯恢608配组育成。2003年通过贵州省农作物品种审定委员会审定，审定编号为黔审稻2003004。分别通过了四川省（2004）、广西壮族自治区（2005）、云南省文山州（2006）和湖北省荆门市（2007）等农作物品种审定委员会的品种认定。

形态特征和生物学特性：属迟熟籼型杂交稻。全生育期152.9d，株高105.7cm，植株整齐，秆粗抗倒，穗大粒多，后期熟色好。有效穗数252.0万穗/hm^2，穗长24.5cm，穗粒数168.5粒，结实率80.0%。千粒重27.0g。

品质特性：糙米长宽比2.3，糙米率81.2%，整精米率66.4%，垩白粒率46.0%，垩白度6.9%，胶稠度30.0mm，直链淀粉含量21.3%。

抗性：抗倒伏；苗期抗稻瘟病1级，穗期抗稻瘟病5级；中抗白叶枯病和褐飞虱，高抗白背飞虱；苗期和孕穗期耐冷性较强，耐旱能力中等。

产量及适宜地区：2001—2002年参加贵州省区域试验平均产量为7 825.0kg/hm^2，比对照汕优63增产6.3%，2002年在贵州省生产试验4个试点平均产量为7 986kg/hm^2，比对照增产14.8%。2004—2008年根据各地示范田测产验收，产量为8 587.5 ～ 12 526.5kg/hm^2，平均产量9 397.5kg/hm^2，比对照Ⅱ优多系1号、Ⅱ优838等品种平均增产10.1%。最大年（2008）推广面积9万hm^2，2003—2011年累计推广面积43万hm^2。适宜海拔1 000m以下地区种植。

栽培技术要点：中稻栽培4月5日左右播种，两段育秧，旱育稀植培育壮秧，秧龄30 ～ 35d移栽。栽插规格20cm×23cm为宜，每穴2苗。本田施农家肥10 5000kg/hm^2、复合肥800.0kg/hm^2，栽后7d内施尿素200.0kg/hm^{2}促进分蘖，孕穗期根据苗情适当补施穗肥。当总茎蘖数达375万/hm^{2}时，及时落水晒田，晒田程度视苗情、气候、土质而定，宜重不宜轻。抽穗时保持田间有水层，灌浆期干干湿湿，保持根系活力，忌断水过早。

贵优2号（Guiyou 2）

品种来源：贵州大学农学院水稻研究所和贵州省种子总站以K17A/筒恢R188配组育成。2005年通过贵州省农作物品种审定委员会审定，审定编号为黔审稻2005003。

形态特征和生物学特性：属籼型中熟三系杂交稻，全生育期144.6d，株高111.4cm，分蘖力较强，株型杯状，叶片微卷直立，叶缘浅锯齿形、浅紫色，叶鞘淡褐色，分蘖与主茎一般呈6°～20°夹角，颖尖浅紫色，成穗率较高。有效穗数273.0万穗/hm^2，穗粒数107.1粒，结实率72.9%。千粒重29.2g。

品质特性：糙米粒长7.3mm，糙米长宽比2.9，糙米率80.5%，精米率66.8%，整精米率45.0%，垩白粒率38.0%，垩白度5.7%，透明度2.0级，碱消值5.0级，胶稠度40.0mm，直链淀粉含量24.1%。

抗性：中抗苗期和穗期稻瘟病，苗期耐冷性中等，孕穗期耐冷性较强。

产量及适宜地区：2002年贵州省区域试验平均产量7 299.0kg/hm^2，比对照汕优63增产9.8%，增产达极显著水平；2003年续试平均产量8 658.0kg/hm^2，比对照汕优63增产1.2%，增产不显著；两年区域试验平均产量7 978.5kg/hm^2，比对照增产5.0%，15个试点8增7减，增产点（次）达53.0%。2004年生产试验平均产量7 374.0kg/hm^2，比对照减产0.5%。适宜贵州省中籼中熟稻区种植，稻瘟病常发区慎用。

栽培技术要点：最佳播种期在4月上旬，低热地区可适当晚播。冬闲田和绿肥田采用旱育秧，秧田用种量375.0kg/hm^2；稻麦、稻油两熟制地区适用两段育秧，小苗寄栽密度6.6cm×6.6cm。合理密植，密度以22.5万穴/hm^{2}为宜，行穴距为26.7cm×16.7cm或(16.7＋30.0)cm×16.7cm，每穴2苗。重施有机肥作底肥，氮、磷、钾肥配合施用，早施追肥，促早生快发。移栽成活后施尿素150.0kg/hm^{2}促分蘖，确保栽后1个月分蘖达300万/hm^2，当总苗数超过375万苗/hm^2，控肥。注意防治稻瘟病。

健优388（Jianyou 388）

品种来源：贵州省水稻研究所（贵州省农业科学院水稻研究所）和湖南金健种业有限责任公司以健645A/黔恢1388配组育成。2010年通过贵州省农作物品种审定委员会审定，审定编号为黔审稻2010003；2013年通过国家农作物品种审定委员会审定，审定编号为国审稻2013006。

形态特征和生物学特性：属籼型三系杂交稻。全生育期155.3d，株高110.3cm，分蘖力中等，株型较好，茎秆较壮且敦实，剑叶挺直，叶色浓绿，叶缘、叶鞘均紫色，籽粒长形，颖尖紫色，无芒，后期转色好。有效穗数223.5万穗/hm^2，穗粒数137.0粒，结实率80.8%。千粒重31.6g。

品质特性：糙米粒长7.0mm，糙米长宽比2.9，糙米率80.8%，精米率71.1%，整精米率58.4%，垩白粒率68.0%，垩白度6.1%，透明度1.0级，碱消值6.2级，胶稠度52.0mm，直链淀粉含量22.2%。

抗性：苗期和穗期稻瘟病抗性鉴定为“感”，苗期耐冷性中等，孕穗期耐冷性较强。

产量及适宜地区：2010—2011年贵州省区域试验平均产量9 394.5kg/hm^2，比对照增产5.1%，16个试点14增2减，增产点（次）为87.5%。2009年生产试验平均产量8 883.0kg/hm^2，比对照增产0.3%，6个试点3增3减，增产点（次）为50.0%。适宜贵州省中籼中迟熟稻区种植，稻瘟病常发区慎用。

栽培技术要点：清明节前后播种，秧龄不超过45d。育秧方式采用旱育秧或两段育秧，注重培育壮秧。宽窄行栽插方式，栽插密度18.0万～22.5万穴/hm^2，随海拔升高或肥力降低增加种植密度。施肥以基肥为主，注重分蘖肥和穗肥。基施农家肥11 250.0kg/hm^2、尿素105.0kg/hm^2、普通过磷酸钙375.0kg/hm^2、氯化钾105.0kg/hm^2，移栽5d后施分蘖肥尿素45.0kg/hm^2，主穗圆秆后10d施穗肥尿素30.0kg/hm^2。苗期、破口期、齐穗期注意防治稻瘟病，分蘖期、孕穗期注意防治稻飞虱、螟虫。

江优919（Jiangyou 919）

品种来源：四川省水稻科技有限责任公司以江育标9A/江恢19配组育成。2012年通过贵州省农作物品种审定委员会审定，审定编号为黔审稻2012008。

形态特征和生物学特性：属籼型三系杂交稻。全生育期158.9d，株高117.9cm，株型松散适中，茎秆粗壮，叶色浓绿，颖壳黄色，籽粒长形，颖尖无色，无芒，后期转色好。有效穗数202.5万穗/hm^2，穗长26.3cm，穗粒数165.7粒，结实率76.0%。千粒重27.4g。

品质特性：糙米长宽比3.0，精米率73.6%，整精米率67.0%，垩白粒率63.0%，垩白度6.3%，透明度1.0级，碱消值4.0级，胶稠度55.0mm，直链淀粉含量23.0%。食味鉴评72.7分。

抗性：稻瘟病抗性鉴定综合评价为“感”。耐冷性鉴定结果2010年为“强”，2011年为“较强”。

产量及适宜地区：2010年贵州省区域试验平均产量8 725.2kg/hm^2，比对照Ⅱ优838增产7.0%，达极显著水平；2011年续试平均产量9 378.0kg/hm^2，比对照增产6.5%，达极显著水平；两年平均产量9 051.6kg/hm^2，比对照增产6.7%；15个点次13增2减，增产点（次）为86.77%。2011年生产试验平均产量9 932.7kg/hm^2，比对照增产7.2%，4个点全部增产。适宜贵州省中迟熟杂交籼稻区种植，稻瘟病常发区慎用。

栽培技术要点：清明节前后播种，播种前晒种、药剂浸种，采用两段育秧或旱育秧。适龄栽插，根据稻田肥力和气候确定密度，一般栽插密度15.0万～22.5万穴/hm^2，每穴2苗。科学肥水管理，氮、磷、钾配方施肥，根据土壤肥力确定施肥量，重底肥早追肥、适追穗肥，注意增施有机肥。大田移栽后，浅水促分蘖，够苗晒田，后期半干半湿管水。做好病虫草害的防治，特别是稻瘟病的防治。穗瘟病苗期至拔节期叶瘟发病率5%以上的田块应立即施药控制，孕穗至抽穗期应抢晴普遍施药预防（如三环唑、富士一号等），一般孕穗末期至始穗期喷一次，齐穗后再喷一次。

金香优830（Jinxiangyou 830）

品种来源：贵州省农悦种业有限公司以金23A/香恢830配组育成。2006年通过贵州省农作物品种审定委员会审定，审定编号为黔审稻2006008。

形态特征和生物学特性：属迟熟籼型三系杂交稻。全生育期153.5d，株高109.4cm，分蘖力较强，生长旺盛，株型较好，茎秆粗壮，籽粒长形，颖壳、颖尖紫色，短芒。有效穗数253.5万穗/hm^2，穗长28.5cm，穗粒数125.8粒，结实率77.7%。千粒重30.6g。

品质特性：糙米长宽比3.1，整精米率57.7%，垩白度1.8%，胶稠度52.0mm，直链淀粉含量23.2%。

抗性：感苗期和穗期稻瘟病，苗期和孕穗期耐冷性中等。

产量及适宜地区：2004年贵州省区域试验平均产量9 621.0kg/hm^2，比对照汕优63增产11.4%，达极显著水平；2005年续试平均产量9 346.5kg/hm^2，比对照Ⅱ优838增产3.4%，达极显著水平；两年平均产量9 484.5kg/hm^2，比对照增产7.4%，16个试点中13增3减，增产点（次）达81.3%。2005年生产试验平均产量9 576.0kg/hm^2，比对照增产7.8%，5个试点全部增产。适宜贵州省中迟熟籼稻区种植，稻瘟病重发区慎用，注意防御秋风。

栽培技术要点：栽培方法与汕优63等迟熟杂交稻相同。可采取旱育稀植、两段育秧或小苗育秧等多种育秧方式，浅水栽培，秧龄30d左右，一般栽插密度12万～22.5万穴/hm^2，每穴2苗。根据田块的肥力状况，行穴距可采用30.0cm×16.7cm、30.0cm×20.0cm或30.0cm×23.3cm。一般基施农家肥15 000.0kg/hm^2和过磷酸钙750.0kg/hm^2左右，追施尿素225.0kg/hm^2左右。中耕2次，秋后成熟及时收割。注意防治稻瘟病。

金优18（Jinyou 18）

品种来源：贵州省遵义市种子公司和仁怀市种子公司以金23A/R18配组育成。2002年通过贵州省农作物品种审定委员会审定，审定编号为黔审稻2002011；2004年通过国家农作物品种审定委员会审定，审定编号为国审稻2004006。

形态特征和生物学特性：属迟熟籼型三系杂交稻。全生育期152.4d，株高112.4cm，分蘖力较强，株型适中，剑叶直立，叶色淡绿，叶鞘浅紫色，颖尖紫色，着粒密度中等，米质中等。有效穗数252.0万穗/hm^2，穗长25.3cm，穗粒数189.5粒，结实率76.3%。千粒重29.3g。

品质特性：糙米长宽比3.1，糙米率78.5%，整精米率60.0%，垩白粒率47.0%，垩白度6.4%，胶稠度69.0mm，碱消值6.6级，直链淀粉含量26.2%，蛋白质含量9.9%。

抗性：抗倒伏，苗期和穗期高抗稻瘟病，稻瘟病7级，白叶枯病5级，褐飞虱5级。

产量及适宜地区：2002—2003年参加长江上游中籼迟熟高产组区域试验，两年区域试验平均产量8 720.0kg/hm^2，比对照汕优63增产3.6%。2003年生产试验平均9 805.1kg/hm^2，比对照汕优63增产12.5%。最大年（2007）推广面积7万hm^2，2005—2010年累计推广面积31万hm^2。适宜云南、贵州、重庆中低海拔稻区（武陵山区除外）和四川平坝、陕西南部稻区作一季中稻种植，稻瘟病重发区慎用。

栽培技术要点：实行两段育秧，培育壮秧，施足底肥，栽插密度22.5万～25.5万穴/hm^2，每穴2苗。注意加强田间管理，适时收割。

金优404（Jinyou 404）

品种来源：贵州省黔南州农业科学研究所以金23A/QN404配组育成。2002年通过贵州省农作物品种审定委员会审定，审定编号为黔审稻2002009。

形态特征和生物学特性：属籼型三系杂交稻。全生育期142.0 ~ 147.0d，株高101.0cm，分蘖力中等，茎秆粗壮，叶色深绿，籽粒长形，籽粒成熟前颖壳紫红色，成熟后颖壳变为黄色，米粒外观中等，大穗型。有效穗数228.0万穗/hm^2，穗长23.0cm，穗粒数16.9粒，结实率75.5%。千粒重27.4g。

品质特性：糙米粒长9.0mm，糙米长宽比2.9。

抗性：抗倒伏，耐冷性明显强于对照汕优晚3，稻瘟病接种抗性与对照相当。

产量及适宜地区：1997年参加贵州省区域试验平均产量8 542.5kg/hm^2，1998年续试平均产量7 659.0kg/hm^2。适宜贵州省早熟籼稻区种植。

栽培技术要点：前期两段育秧，湿润育秧或旱育秧，以利培育壮苗，促进早期低位分蘖；氮、磷、钾肥配合施用，综合施肥量可比一般品种稍重，提高后期结实率，发挥库大源足流畅充分的生理优势。

金优431（Jinyou 431）

品种来源：贵州省农业科学院水稻研究所以金23A/Q431配组育成。2000年通过贵州省农作物品种审定委员会审定，审定编号为黔品审第218号。

形态特征和生物学特性：属籼型三系杂交稻。全生育期150.0d，株高95.7cm，分蘖力强，株型较好，青秆黄熟，不早衰，籽粒长形，颖尖紫色，无芒，成穗率高。有效穗数292.5万穗/hm^2，穗长24.8cm，穗粒数155.0粒，结实率85.1%。千粒重26.5g。

品质特性：糙米粒长6.3mm，糙米长宽比2.7，糙米率77.3%，精米率70.0%，整精米率53.5%，垩白粒率30.0%，垩白度3.8%，透明度2.0级，碱消值6.6级，胶稠度60.0mm，直链淀粉含量20.5%，糙米蛋白质含量8.7%。

抗性：耐肥、抗倒，中抗苗期和穗期稻瘟病，苗期和孕穗期耐冷性强。

产量及适宜地区：1996—1997年参加贵州省区域试验平均产量8 878.5kg/hm^2，比对照汕优64增产15.3%；1997—1998年生产试验平均产量8 592.0kg/hm^2，比综合对照（汕优64和汕优晚3的平均值）增产6.2%。最大年（2003）推广面积6万hm^2，2001—2010年累计推广面积27万hm^2。适宜贵州省海拔900～1 300m的中、高海拔水稻适宜地区种植。

栽培技术要点：适时播种，采用旱育秧和两段育秧培育壮秧。合理密植，栽插密度30.0万穴/hm^{2}左右，每穴2苗。施足基肥，早施分蘖肥，适施穗肥。及时防治病虫害。适时收获。

金优467（Jinyou 467）

品种来源：贵州省农业科学院水稻研究所以金23A/R467配组育成。2002年通过贵州省农作物品种审定委员会审定，审定编号为黔审稻2002006。

形态特征和生物学特性：属中熟籼型三系杂交稻。全生育期148.0d，株高104.0cm，分蘖力较强，株型适中，青秆黄熟，叶色深绿，叶缘、叶鞘、叶耳均紫色，籽粒长形，颖尖紫色，米质较好。有效穗数288.0万穗/hm^2，穗粒数173.0粒，结实率78.0%。千粒重27.0g。

品质特性：糙米粒长7.3mm，糙米长宽比3.1，糙米率80.0%，精米率68.5%，整精米率54.6%，垩白粒率38.4%，垩白度7.8%，透明度1.0，碱消值6.0级，胶稠度64.0mm，直链淀粉含量21.5%，糙米蛋白质含量8.2%。

抗性：感苗期稻瘟病，中感穗期稻瘟病，苗期耐冷性中等，孕穗期耐冷性较强。

产量及适宜地区：1997年贵州省区域试验平均产量8 886.0kg/hm^2，比对照汕优64增产12.3%；1998年续试平均产量8 538.0kg/hm^2，比对照汕优64增产14.0%；生产试验平均产量7 383.0kg/hm^2，比对照汕优晚3增产14.7%。最大年（2003）推广面积4万hm^2，2003—2010年累计推广面积13万hm^2。适宜贵州省中早熟籼稻区种植。

栽培技术要点：采用两段育秧或旱育浅植，培育多蘖壮秧。合理密植，栽插密度22.5万～30.0万穴/hm^2。平衡施肥，并注意加强田间管理。

金优554（Jinyou 554）

品种来源：贵州省安顺地区农业科学研究所以金23A/安恢554配组育成。2003年通过贵州省农作物品种审定委员会审定，审定编号为黔审稻2003001。

形态特征和生物学特性：属迟熟籼型三系杂交稻。全生育期150.0d，株高101.4cm，分蘖力强，株型适中，茎秆较粗壮，叶片挺立，叶色青秀，着粒密度较大。有效穗数279.0万穗/hm^2，穗长22.5cm，穗粒数157.9粒，结实率80.0%。千粒重26.2g。

品质特性：糙米粒长6.1mm，糙米长宽比2.4，糙米率81.5%，精米率73.5%，整精米率65.2%，垩白粒率90.0%，垩白度18.0%，胶稠度30.0mm，直链淀粉含量22.7%。

抗性：抗苗期稻瘟病，中抗穗期稻瘟病，苗期和孕穗期耐冷性强，耐旱能力中等。

产量及适宜地区：2001—2002年参加贵州省杂交水稻迟熟A组区域试验，两年平均产量8 195.8kg/hm^2；2002年参加贵州省生产试验，平均产量8 481.0kg/hm^2。最大年（2006）推广面积4万hm^2，2003—2011年累计推广面积17万hm^2。适宜贵州种植汕优63的区域种植。

栽培技术要点：4月上旬至下旬播种为宜，播种前进行种子处理。采用两段育秧、培育分蘖壮秧，栽插密度以各地具体情况而定，中高海拔地区采用16.7cm×20.0cm。施足基肥（15 000.0kg/hm^2），早施追肥（栽后10d内一般追施尿素150.0 ～ 225.0kg/hm^2），氮、磷、钾肥配施；浅水勤灌，干湿交替。加强病虫害防治，注意防治稻瘟病和钻心虫，破口期喷三环唑预防稻穗颈瘟。适时收获。

金优785（Jinyou 785）

品种来源：贵州省水稻研究所（贵州省农业科学院水稻研究所）以金23A/黔恢785配组育成。2010年通过贵州省农作物品种审定委员会审定，审定编号为黔审稻2010002。2012年通过农业部超级稻认定。

形态特征和生物学特性：属迟熟籼型三系杂交稻。全生育期157.1d，株高112.1cm，分蘖力较强，株型松散适中，生长整齐。有效穗数232.5万穗/hm^2，穗长25.4cm，穗粒数184.1粒，结实率81.5%。千粒重29.1g。

品质特性：糙米粒长7.0mm，糙米长宽比2.9，糙米率81.4%，精米率72.4%，整精米率54.2%，垩白粒率84.0%，垩白度10.1%，透明度1.0级，碱消值5.7级，胶稠度58.0mm，直链淀粉含量21.6%。

抗性：苗期和穗期感稻瘟病，苗期耐冷性中等，孕穗期耐冷性较强。

产量及适宜地区：2008年和2009年贵州省区域试验两年平均产量9 624.8kg/hm^2，比对照增产9.3%，16个试点全部增产。2009年生产试验平均产量8 848.7kg/hm^2，比对照增产5.3%，6个试点5增1减，增产点（次）为83.3%。

栽培技术要点：旱育秧苗床地一般选在土壤肥沃、土质疏松、地下水位低、背风向阳、排灌方便的菜地或冬闲田。在土壤温度稳定通过12.0℃以上即可播种，苗期注意防治恶苗病、立枯病、蝼蛄、稻秆蝇等病虫害。合理施肥，一般稻田施农家肥，适时移栽促早发，及时控苗促大穗；移栽后重点抓好白背飞虱、褐飞虱、稻纵卷叶螟、二化螟、稻秆蝇、稻瘟病、纹枯病、稻曲病的防治，特别是稻瘟病的防治。当稻田整体谷粒90.0%变黄时适时收获，防止过熟倒伏和收割时稻谷脱落，影响稻谷产量和质量。

金优T16（Jinyou T16）

品种来源：贵州省铜仁市农业科学研究所以金23A/TR16配组育成。2010年通过贵州省农作物品种审定委员会审定，审定编号为黔审稻2010005。

形态特征和生物学特性：属中迟熟籼型三系杂交稻。全生育期156.4d，株高111.0cm，分蘖力较强，株型较紧凑，茎秆坚韧，叶片长直，叶色淡绿，籽粒长形，颖尖紫色，无芒，着粒密度中等，穗型较紧密。有效穗数249.0万穗/hm^2，穗长25.1cm，穗粒数179.7粒，结实率80.9%。千粒重29.2g。

品质特性：糙米粒长7.0mm，糙米长宽比3.0，糙米率82.4%，精米率73.6%，整精米率68.4%，垩白粒率67.0%，垩白度5.4%，透明度1.0级，碱消值6.0级，胶稠度72.0mm，直链淀粉含量26.5%。

抗性：感苗期和穗期稻瘟病，中抗白叶枯病、褐飞虱和白背飞虱，苗期和孕穗期耐冷性较强，耐旱能力中等。

产量及适宜地区：2008—2009年参加贵州省迟熟籼稻区域试验，两年平均产量9 558.1kg/hm^2；2009年多点生产试验，平均产量9 269.0kg/hm^2。2011年推广面积1万hm^2。适宜贵州省中迟熟籼稻区种植，稻瘟病常发区慎用。

栽培技术要点：5叶期插秧（发根力强、有利分蘖），移栽前3～5d施"送嫁肥"（带肥壮秧、有利早生快发），穴距16.7cm插秧（确保基本苗），移栽后5d施分蘖肥（增强表层根系活力，返青快、分蘖早），50.0%的氮肥作穗肥，氮钾前肥后移（大大提高肥料利用率）。一般4月上、中旬播种。旱育秧或两段育秧，秧龄期不超过35d。栽插密度一般为18.0万～21.0万穴/hm^2，宽窄行种植。施足底肥，增施有机肥，强调氮、磷、钾肥配合施用，适时早施分蘖肥，看苗施穗粒肥。在达到分蘖盛期时，有条件的情况下适时晒田。注意防治稻瘟病和其他病虫害。

金优T36（Jinyou T36）

品种来源：贵州省铜仁市农业科学研究所以金23A/T36配组育成。2007年通过贵州省农作物品种审定委员会审定，审定编号为黔审稻2007004。

形态特征和生物学特性：属迟熟籼型三系杂交稻。全生育期154.0d，株高113.5cm，分蘖力较强，株型较紧凑，茎秆粗壮，叶片较长，叶色淡绿，籽粒长形，颖尖紫色，穗型中等。有效穗数267.3万穗/hm^2，穗长14.4cm，穗粒数175.9粒，结实率77.7%。千粒重27.8g。

品质特性：糙米粒长7.0mm，糙米长宽比2.9，糙米率80.9%，精米率70.4%，整精米率48.1%，垩白粒率28.0%，垩白度2.2%，透明度1.0级，碱消值5.0级，胶稠度60.0mm，直链淀粉含量19.3%。

抗性：感苗期和穗期稻瘟病，苗期耐冷性强，孕穗期耐冷性较强，耐旱能力中等。

产量及适宜地区：2004—2006年参加贵州省迟熟籼稻区域试验，两年平均产量9 571.1kg/hm^2；2006年多点生产试验，平均产量8 658.2kg/hm^2。最大年（2009）推广面积2万hm^2，2008—2011年累计推广面积6万hm^2。适宜贵州省中迟熟籼稻区种植，稻瘟病重发区慎用。

栽培技术要点：播种前进行种子处理。一般4月上中旬播种。旱育秧或两段育秧适宜秧龄期不超过35d。栽插密度一般为18.0万～21.0万穴/hm^2，宽窄行栽插。施足底肥，增施有机肥，强调氮、磷、钾肥配合施用，适时早施分蘖肥，看苗施穗粒肥。在达到分蘖盛期时，有条件的情况下适时晒田。注意防治病虫害，特别是稻瘟病的防治。

金优红（Jinyouhong）

品种来源：贵州省农业科学院水稻研究所以金23A/红零-4配组育成。2002年通过贵州省农作物品种审定委员会审定，审定编号为黔审稻2002003。

形态特征和生物学特性：属中熟籼型三系红米杂交稻。感温性较强。全生育期150.0d，株高90.7cm，分蘖力中等，株型较为松散，茎秆粗壮，叶片较宽，叶色浓绿，叶缘紫色，着粒密度中等，米质中等偏上，糙米红色。有效穗数258.5万穗/hm^2，穗长17.4cm，穗粒数150.0粒，结实率85.2%。千粒重24.6g。

品质特性：糙米粒长6.1mm，糙米长宽比2.6，糙米率81.2%，精米率72.3%，整精米率48.2%，垩白粒率10.8%，垩白度7.8%，透明度3.0级，碱消值6.0级，胶稠度55.0mm，直链淀粉含量18.7%，糙米蛋白质含量8.4%。

抗性：中感苗期稻瘟病，感穗期稻瘟病，易感纹枯病，苗期和孕穗期耐冷性强。

产量及适宜地区：1998年参加贵州省粳稻区域试验平均产量8 127.0kg/hm^2，比对照毕粳37号增产33.9%；1999年区域试验续试平均产量7 416.0kg/hm^2，比对照增产16.1%。2000年生产试验平均产量5 961.0kg/hm^2，比对照毕粳37号增产4.1%；2001年生产试验平均产量6 342.0kg/hm^2，比对照增产3.8%。最大年（2003）推广面积0.3万hm^2，2002—2007年累计推广面积1万hm^2。适宜贵州省海拔1 300m以下地区作一季中稻种植，稻瘟病重发区慎用。

栽培技术要点：播种前进行种子处理。栽培上注意防治螟虫和稻飞虱，在高肥条件下注意防治纹枯病和稻瘟病。

锦优707（Jinyou 707）

品种来源：四川农业大学水稻研究所、四川金堂莲花农业研究所以锦752A/蜀恢707配组育成。2011年通过贵州省农作物品种审定委员会审定，审定编号为黔审稻2011004。

形态特征和生物学特性：属迟熟籼型三系杂交稻。全生育期153.6d，株高113.0cm，分蘖力中等，株型较好，茎秆较粗壮，剑叶挺直，叶色深绿，叶缘、叶鞘均紫色，籽粒长形，颖尖紫色，有芒，后期转色好，大穗型。有效穗数244.53万穗/hm^2，穗粒数137.3粒，结实率80.2%。千粒重30.3g。

品质特性：糙米粒长7.4mm，糙米长宽比3.4，糙米率81.2%，精米率72.2%，整精米率66.9%，垩白粒率49.0%，垩白度4.4%，透明度1.0级，碱消值5.5级，胶稠度52.0mm，直链淀粉含量22.3%。食味鉴评74.4分。

抗性：稻瘟病抗性鉴定为“感”，耐冷性鉴定为“较强”。

产量及适宜地区：2007年贵州省区域试验平均产量9 190.7kg/hm^2，比对照增产7.3%；2008年续试平均产量9 199.8kg/hm^2，比对照增产3.1%；两年平均产量9 195.0kg/hm^2，比对照增产5.2%，16个试点12增4减，增产点（次）为73.3%。2009年生产试验平均产量8 803.4kg/hm^2，比对照增产5.7%，6个试点5增1减，增产点（次）为83.3%。

栽培技术要点：清明节前后播种，播种前晒种、强氯精浸种、稀播匀播，科学肥水管理，培育多蘖壮秧。育秧方式采用旱育秧或两段育秧，秧龄不超过45d。宽窄行栽插方式，栽插密度25.5万～28.5万穴/hm^2，随海拔升高或肥力降低增加种植密度。重底早追，增施磷、钾肥和有机肥，结合科学管水，够苗晒田，干湿壮籽，做到苗足、苗健、穗大、粒重。基施农家肥11 250.0kg/hm^2、尿素120.0～150.0kg/hm^2、普通过磷酸钙375.0kg/hm^2、氯化钾105.0kg/hm^2，移栽5d后施分蘖肥尿素75.0～105.0kg/hm^2，主穗圆秆后10d施穗肥尿素45.0～60.0kg/hm^2。苗期、破口期、齐穗期注意防治稻瘟病，分蘖期、孕穗期注意防治稻飞虱、螟虫。注意稻瘟病和其他病虫害防治。

科优21（Keyou 21）

品种来源：湖南科裕隆种业有限公司以湘菲A/湘恢529配组育成。2011年通过贵州省农作物品种审定委员会审定，审定编号为黔审稻2011006。

形态特征和生物学特性：属迟熟籼型三系杂交稻。全生育期为157.9d，株高119.1cm，分蘖力中等，株型适中，茎秆较粗壮，剑叶长而直立，叶色浅绿，叶缘、叶鞘均无色，籽粒长形，颖尖无色，无芒，后期转色好，大穗型。有效穗数204.0万穗/hm^2，穗粒数165.7粒，结实率78.3%。千粒重26.2g。

品质特性：糙米长宽比2.8，整精米率57.5%，垩白粒率16.0%，垩白度1.3%，透明度1.0级，胶稠度60.0mm，直链淀粉含量20.8%，达到国家标准2级。食味鉴评66.6分，优于对照Ⅱ优838（60分）。

抗性：稻瘟病抗性鉴定为“感”，耐冷性鉴定为“中等”。

产量及适宜地区：2009年贵州省区域试验平均产量9 263.4kg/hm^2，比对照Ⅱ优838增产5.5%；2010年续试平均产量7 805.3kg/hm^2，比对照Ⅱ优838减产4.3%；两年平均产量8 534.4kg/hm^2，比对照增产0.8%，16个试点11增5减，增产点（次）为68.8%。2010年贵州省生产试验平均产量8 441.1kg/hm^2，比对照减产0.7%，6个试点3增3减，增产点（次）为50.0%。适宜贵州省中籼中迟熟稻区种植，稻瘟病常发区慎用。

栽培技术要点：在贵州一季稻区做一季中稻种植，一般在4月上、中旬播种，秧田用种量180.0kg/hm^2，大田用种量22.5kg/hm^2，秧龄30d或主茎叶片数达5～6叶时移栽，栽插密度22.5万穴/hm^2，每穴2苗。足底肥，早追肥，后期禁施氮肥，及时晒田控苗，在分蘖盛期施钾肥225.0kg/hm^2，后期实行湿润灌溉，忌断水太早。注意防治稻瘟病和其他病虫害。

乐优58（Leyou 58）

品种来源：贵州省黔南州农业科学研究所以乐丰A/QN2058配组育成。2010年通过贵州省农作物品种审定委员会审定，审定编号为黔审稻2010004。

形态特征和生物学特性：属迟熟籼型三系杂交稻。全生育期156.5d，株高111.9cm，分蘖力较强，株型紧凑，群体整齐，综合性状较好，剑叶长直，叶色青秀，籽粒中长形，颖尖紫色，无芒，熟色较好。有效穗数220.5万穗/hm²，穗粒数151.1粒，结实率82.0%。千粒重29.3g。

品质特性：糙米粒长6.9mm，糙米长宽比2.9，糙米率81.0%，精米率71.4%，整精米率68.2%，垩白粒率85.0%，垩白度7.6%，透明度1.0级，碱消值4.8级，胶稠度52.0mm，直链淀粉含量22.4%。

抗性：中感苗期和穗期稻瘟病，苗期和孕穗期耐冷性较强。

产量及适宜地区：2008—2009年贵州省区域试验平均产量9 246.0kg/hm²，比对照增产5.0%。15个试点13增2减，增产点（次）为86.7%。2009年生产试验平均产量8 838.0kg/hm²，比对照增产6.2%，6个试点5增1减，增产点（次）为83.3%。适宜贵州省中籼迟熟稻区种植，稻瘟病常发区慎用。

栽培技术要点：实行旱育秧或两段育秧，一般于4月中旬播种，培育嫩壮秧，促进低位分蘖，以提高有效穗数。实行宽行窄株或宽窄行栽培，栽插密度18.0万～22.5万穴/hm²。本田施足基肥，特别是有机肥，氮、磷、钾肥配合施用，忌偏施尿素，生育期间实行浅水灌溉，后期不宜断水过早，最好实行干湿交替利于大穗的充分灌浆和籽粒饱满。注意稻瘟病和其他病虫害防治。

两优211（Liangyou 211）

品种来源：贵州省农业科学院水稻研究所以2136S/多系1号配组育成。2000年通过贵州省农作物品种审定委员会审定，审定编号为黔品审第226号。

形态特征和生物学特性：属早熟中籼型两系杂交稻。全生育期149.7d，株高88.2～99.8cm，分蘖力强，株型较好。有效穗数298.5万～306.0万穗/hm^2，穗粒数124.0粒，结实率78.5%～79.5%。千粒重26.9～27.3g。

品质特性：糙米粒长6.7mm，糙米长宽比3.1，糙米率79.9%，精米率72.6%，整精米率44.6%，垩白粒率36.0%，垩白度5.0%，透明度2.0级，碱消值5.3级，胶稠度50.0mm，直链淀粉含量20.2%，糙米蛋白质含量10.2%。

抗性：抗寒性特强，接种鉴定：叶瘟4级、穗瘟3级。

产量及适宜地区：1998—1999年贵州省区域试验平均产量7 822.5kg/hm^2，比对照（汕优晚3和汕优64的平均值）增产3.2%。2000年生产试验平均产量7 366.5kg/hm^2，比对照汕优晚3增产14.4%。可在贵州省900～1 200m的中、高海拔水稻适宜地区种植。

栽培技术要点：可根据当地肥力条件、耕作栽培水平，合理安排栽培措施。适时播种，采用旱育秧或两段育秧，培育壮秧。合理密植，根据不同地区和肥力条件，栽插密度18.0万～27.0万穴/hm^2，每穴2苗。施足基肥，早施分蘖肥，后期施肥以磷、钾肥为主。及时防治病虫害。

两优363（Liangyou 363）

品种来源：贵州省农业科学院水稻研究所以360S/明恢63配组育成。2000年通过贵州省农作物品种审定委员会审定，编号为黔品审第225号；2003年通过国家农作物品种审定委员会审定，审定编号为国审稻2003060。

形态特征和生物学特性：属籼型两系杂交水稻。全生育期150.0d，株高90.0cm，分蘖力强，株型较好，外观米质好，食味品质优。有效穗数300.0万穗/hm^2，穗粒数90.0粒，结实率75.0%。千粒重28.0g。

品质特性：糙米粒长7.0mm，糙米长宽比3.2，糙米率79.6%，精米率73.3%，整精米率62.7%，垩白粒率19.5%，垩白度3.2%，透明度2.0级，碱消值5.9级，胶稠度82.0mm，直链淀粉含量15.0%，糙米蛋白质含量8.3%。

抗性：易感恶苗病。

产量及适宜地区：1999—2000年贵州省区域试验，平均产量7 086.0kg/hm^2，产量与对照汕优晚3相当；2000年生产试验平均产量7 188.0kg/hm^2，比对照汕优晚3增产15.8%。可在贵州省海拔900 ~ 1 200m的中、高海拔水稻适宜地区种植，在双季稻区可作双季晚稻栽培。

栽培技术要点：适时播种，采用旱育秧或两段育秧培育壮秧，省内中稻区在4月上旬播种，8月中下旬齐穗比较适宜。合理密植，根据不同地区和肥力条件，栽插18.0万 ~ 27.0万穴/hm^2，每穴2 ~ 3苗。施足基肥，早施分蘖肥，后期施肥以磷、钾肥为主。及时防治恶苗病等病虫害。

两优456（Liangyou 456）

品种来源：贵州德农种业有限责任公司以595S/R456配组育成。2003年通过贵州省农作物品种审定委员会审定，审定编号为黔审稻2003009。

形态特征和生物学特性：属籼型两系杂交稻。全生育期149.9d，株高120.3cm，分蘖力强，生长势旺，根系发达，株型松散适中，叶片厚，直立，叶色浓绿。有效穗数190.5万穗/hm^2，穗长27.0cm，穗粒数186.0粒，结实率87.1%。千粒重27.1g。

抗性：中感苗期和穗期稻瘟病。

产量及适宜地区：2001—2002年贵州省区域试验平均产量7 995.0kg/hm^2，比对照汕优63增产9.2%。2002年生产试验平均产量8 508.0kg/hm^2，比对照增产22.3%。适宜贵州省中迟熟稻区种植，稻瘟病多发重发区慎用。

栽培技术要点：适时早播，培育多蘖壮秧，3月下旬至4月上旬播种为宜。合理密植，插足基本苗，宽窄行栽培（16.5+30.0）cm×16.5cm，每穴2苗。合理施肥、科学管理，确立高产的群体结构，提高分蘖成穗率，氮、磷、钾肥合理搭配，本田氮肥用量135.0kg/hm^{2}左右。综合防治病虫害，注意后期的水浆管理和中后期的病虫害防治。

两优662（Liangyou 662）

品种来源：贵州省农业科学院水稻研究所以611S/多系1号配组育成。2003年通过贵州省农作物品种审定委员会审定，审定编号为黔审稻2003005。

形态特征和生物学特性：属籼型两系杂交稻。全生育期150.0d，株高95.4cm，株型较好，叶片挺立不披，叶色淡绿，籽粒长形、饱满，颖尖紫色，无芒。有效穗数291.0万穗/hm^2，穗长17.6cm，穗粒数90.4粒，结实率78.3%。千粒重27.7g。

品质特性：糙米粒长6.7mm，糙米长宽比3.1，糙米率79.9%，精米率72.6%，整精米率44.6%，垩白粒率36.0%，垩白度5.0%，透明度2.0级，碱消值5.3级，胶稠度50.0mm，直链淀粉含量20.2%，糙米蛋白质含量10.2%。

抗性：抗苗期和穗期稻瘟病。

产量及适宜地区：2000—2001年贵州省区域试验平均产量7 387.5kg/hm^2，比对照汕优63增产6.3%。2002年生产试验平均产量7 147.5kg/hm^2，比对照增产13.4%。适宜贵州省中早熟稻区作早稻和中稻种植。

栽培技术要点：适时早播，培育多蘖壮秧。4月上旬播种为宜。采取两段育秧，合理密植，插足基本苗，每穴2苗。施足底肥，巧施穗肥和粒肥，穗期适施叶面肥，防止偏氮。科学管水，及时防治病虫害，完熟收获。

两优凯63（Liangyoukai 63）

品种来源：贵州省黔东南州农业科学研究所以凯农S-3/明恢63配组育成。2001年通过贵州省农作物品种审定委员会审定，审定编号为黔种审证字第018号。

形态特征和生物学特性：属晚熟籼型两系杂交稻。全生育期146.0d，株高110.0cm，分蘖力较强，长势旺，株型适中，叶片稍宽短直，茎秆粗壮，叶色淡绿，籽粒长形，间有顶芒，谷壳薄。抽穗整齐，后期熟色好。有效穗数270.0万穗/hm^2，穗长22.3cm，穗粒数120.0粒，结实率90.0%。千粒重33.5g。

品质特性：糙米粒长8.8mm，糙米长宽比2.5，糙米率82.0%，精米率71.5%，整精米率48.5%，垩白粒率75.0%，垩白度6.2%，透明度1.0级，碱消值7.0级，胶稠度62.0mm，直链淀粉含量25.1%，达国标三级优质米标准。

抗性：耐肥抗倒，中抗白叶枯病，高抗褐飞虱和白背飞虱，苗期和孕穗期耐冷性强，耐旱能力中等。

产量及适宜地区：1996年黔东南州科技局、农业局对本所内试种的两优凯63验收，600m^{2}面积实收干净谷641.6kg，平均产量10 828.5kg/hm^2。1998—1999年贵州省区域试验，比汕优63（CK）有不同程度增产。2000—2002年在贵州省黔东南州推广面积0.3万hm^2，适宜海拔1 000m以下大面积示范推广。适宜在肥力中上等、光照充足的坝区种植。保水保肥差的沙田和冷、荫、烂、锈田难以高产。

栽培技术要点：强氯精处理种子，4月初播种。实行两段育秧，培育多蘖壮秧。宽窄行栽插方式，行穴距（30.0+20.0）cm×16.6cm，栽插密度22.5万穴/hm^2，每穴2苗。在施足底肥的基础上早施追肥，促进分蘖早生快发，栽秧后5～7d用尿素150.0～180.0kg/hm^{2}作第一次追肥，同时施除草剂防除杂草；在幼穗分化抽穗扬花期补施穗粒肥。最高苗达360万/hm^{2}左右或幼穗分化前即进行晒田。前期注意防卷叶螟。分蘖、孕穗期各预防稻瘟病1～2次，后期注意飞虱的防治。控制无效分蘖，促进有效分蘖。

陆两优106（Luliangyou 106）

品种来源：贵州省黔东南州农业科学研究所以陆18S/K106配组育成。2002年通过贵州省农作物品种审定委员会审定，审定编号为黔审稻2002012。2004年通过湖南省农作物品种审定委员会审定，审定编号为湘审稻2004018。2007年通过重庆市农作物品种审定委员会认定，认定编号为渝引稻2007007。

形态特征和生物学特性：属中迟熟两系杂交稻。全生育期150.0d，株高110.7cm。有效穗数226.5万穗/hm^2，穗长24.5cm，穗粒数150.0粒，结实率77.8%。千粒重29.3g。

品质特性：糙米粒长6.9mm，糙米长宽比2.9，糙米率81.0%，精米率74.0%，整精米率50.3%，垩白粒率72.0%，垩白度11.5%，透明度2.0级，碱消值6.3级，胶稠度8.0mm，直链淀粉含量24.9%，糙米蛋白质含量9.8%。

抗性：中抗苗期和穗期稻瘟病，高抗白叶枯病，中抗褐飞虱和白背飞虱，苗期和孕穗期耐冷性较强，耐旱和耐盐能力中等。

产量及适宜地区：1999年参加贵州省杂交稻新组合适应性和丰产性联合鉴定试验，平均产量9 229.5kg/hm^2，比对照汕优多系1号增产8.5%；2000—2001年参加贵州省水稻区域试验，平均产量8 037.7kg/hm^2，比对照汕优63平均增产12.6%。2001年湖南省中稻区域试验平均产量9 883.5kg/hm^2，2002年湘西片中稻区域试验平均产量8 374.5kg/hm^2，比对照Ⅱ优58增产5.8%；两年区域试验平均产量9 129.0kg/hm^2。2005—2006年参加重庆市杂交水稻引种试验，平均产量7 875.0kg/hm^2，比对照Ⅱ优838增产3.5 %。2002—2005年连续四年超高产栽培产量都超过12 000.0kg/hm^2。最大年（2005）推广面积4万hm^2，2002—2008年在贵州省累计推广面积10万hm^2。适宜海拔1 300m以下地区种植。

栽培技术要点：与一般杂交稻相同，无特殊要求。

茂香2号（Maoxiang 2）

品种来源：贵州好茂康农业科技有限公司以360S5/茂康R2配组育成。2003年通过贵州省农作物品种审定委员会审定，审定编号为黔审稻2003016。

形态特征和生物学特性：属籼型两系杂交稻。全生育期150.7d，株高100.0cm，分蘖力中等，苗期生长稳健，叶鞘淡紫色，成熟期株型松散适中，叶夹角中等，少数谷粒有淡褐色斑及短顶芒。有效穗数285.0万穗/hm^2，穗长23.9cm，穗粒数94.8粒，结实率69.5%。千粒重28.1g。

品质特性：糙米粒长7.1mm，糙米长宽比3.1，糙米率80.6%，精米率73.7%，整精米率42.4%，垩白粒率6.0%，垩白度0.9%，透明度2.0级，碱消值6.0级，胶稠度72.0mm，直链淀粉含量15.8%，糙米蛋白质含量9.4%。

抗性：苗期中感稻瘟病，穗期感稻瘟病，苗期耐冷性中等，孕穗期耐冷性中等。

产量及适宜地区：2001—2002年贵州省区域试验平均产量7 060.5kg/hm^2，比对照汕优63增产3.7%。2002年生产试验平均产量7 411.5kg/hm^2，比对照增产18.4%。适宜贵州省中迟熟稻区种植，低热河谷地区和稻瘟病重发区慎用。

栽培技术要点：适时早播，一般以4月上旬播种为宜。采取旱育秧和两段育秧；双株浅植，栽插密度22.5万～27.0万穴/hm^2。施足底肥和面肥，巧施穗肥和粒肥，穗期适施叶面肥，但防止偏氮。以浅水和湿润浇灌为主，中期可轻度晾晒，后期忌断水过早，争取青秆蜡叶黄熟，完熟收割，不暴晒稻谷。及时防治病虫害。

茂优201（Maoyou 201）

品种来源：贵州好茂康农业科技有限公司以茂康S10/MH86配组育成。2005年通过贵州省农作物品种审定委员会审定，审定编号为黔审稻2005007。

形态特征和生物学特性：属中熟籼型两系杂交稻。全生育期149.7d，株高104.1cm，株型松散适中，茎秆粗壮，生长旺盛，繁茂性好，苗期分蘖快，剑叶直立，叶色淡绿，籽粒中长形，颖尖紫色，无芒。有效穗数255.0万穗/hm^2，穗粒数120.1粒，结实率80.2%。千粒重29.1g。

品质特性：糙米粒长7.4mm，糙米长宽比3.0，糙米率66.7%，精米率48.2%，整精米率48.2%，垩白粒率33.0%，垩白度6.6%，透明度1.0级，碱消值6.0级，胶稠度85.0mm，直链淀粉含量16.5%。

抗性：稻瘟病抗性鉴定：2003年表现为"中感"，2004年表现为"感"，耐冷性鉴定为"较强"。

产量及适宜地区：2003年贵州省区域试验平均产量8 665.5kg/hm^2，比对照汕优63增产5.6%，增产达极显著水平；2004年续试平均产量8 986.5kg/hm^2，比对照金优桂99增产7.2%，增产达极显著水平；两年平均产量8 826.0kg/hm^2，比对照增产6.4%，16个试点中12增4减，增产点（次）为75.0%。2004年生产试验平均产量7 641.0kg/hm^2，比对照增产3.1%。适宜贵州省中籼中熟稻区种植，注意防治稻瘟病，稻瘟病常发区慎用。

栽培技术要点：适时早播早栽，一般4月上旬播种，采用旱育秧和两段育秧方式培育壮秧。双株浅植，栽插密度22.5万～27.0万穴/hm^2。特别强调增施有机肥和氮、磷、钾肥配合施用。注意防治病虫害，适时收获。

茂优601（Maoyou 601）

品种来源：贵州好茂康农业科技有限公司以K17A/茂康R1配组育成。2003年通过贵州省农作物品种审定委员会审定，审定编号为黔审稻2003008。

形态特征和生物学特性：属籼型三系杂交稻。全生育期149.0d，株高94.0cm，分蘖力中等，株型松散适中，抗衰性好，再生力强，苗期长势旺，成熟时稻丛略散，青秆黄熟，籽粒长且大，颖壳黄色，颖尖淡紫色。有效穗数277.5万穗/hm^2，穗粒数99.2粒，结实率77.4%。千粒重30.1g。

抗性：稻瘟病自然鉴定为“抗”到“中感”，耐冷性鉴定为“较强”。

产量及适宜地区：2001—2002年贵州省早熟组区域试验平均产量8 344.5kg/hm^2，比对照汕优63增产8.3%。2002年生产试验平均产量6 355.5kg/hm^2，比对照减产1.3%。适宜贵州省中迟稻区作早稻和中稻种植，稻瘟病多发重发区慎用。

栽培技术要点：适期早播、培育壮秧。中龄秧浅植，栽插密度24万穴/hm^2。科学施肥、管水，不偏施氮肥，不长期深灌，成熟期不脱肥、不过早断水。完熟收割，不暴晒稻谷。注意防治纹枯病等病、虫、草、鼠危害。

绵优281（Mianyou 281）

品种来源：贵州省黔南州农业科学研究所以绵7A/QNR281配组育成。2009年4月通过云南省农作物品种审定委员会审定，审定编号为滇审稻2009021。

形态特征和生物学特性：属籼型三系杂交稻。全生育期150.0d，株高112.2cm，株型好，叶片直立，落粒性适中。有效穗数268.5万穗/hm^2，穗长24.5cm，穗粒数163.0粒，结实率76.0%。千粒重29.5g。

品质特性：糙米粒长6.9mm，糙米长宽比3.0，糙米率81.0%，精米率70.2%，整精米率62.8%，垩白粒率20.0%，垩白度2.0%，透明度1.0级，碱消值5.0级，胶稠度54.0mm，直链淀粉含量22.6%。

抗性：抗倒伏，耐冷性较强，稻瘟病抗性级别6级，抗性鉴定评价为“感”，感苗期和穗期稻瘟病。

产量及适宜地区：2007—2008年云南省杂交籼稻品种区域试验，平均产量9 358.5kg/hm^2，比对照增产5.0%，增产点（次）为92.3%。生产试验平均产量8 130.0kg/hm^2，比对照增产1.7%。适宜云南省海拔1 200m以下的籼稻区种植。

栽培技术要点：育苗苗床要求土壤肥沃、水源方便、背风向阳的菜地，育秧方式采用旱育稀植薄膜育秧，培育多蘖壮秧。播种期一般在4月5日前，适时早播、匀播。大田移栽应实现有效穗数270万穗/hm^{2}左右，根据移栽叶龄、秧苗分蘖发生规律，定量基本苗，确定插秧规格。移栽期根据示范区前作情况而定。氮肥以基蘖肥：穗肥为5 ∶ 5，基肥、分蘖肥、两次穗肥分别占25%，氮、磷、钾按1 ∶ 0.5 ∶ 1的比例平衡施肥，酸性土壤增施硅肥。按照“浅水插秧，薄水促蘖，适时控水晒田，后期采取干湿交替灌溉”的原则科学管水。

糯优16（Nuoyou 16）

品种来源：贵州日月丰农业科技有限公司以糯15A/糯恢69配组育成。2010年通过贵州省农作物品种审定委员会审定，审定编号为黔审稻2010013。

形态特征和生物学特性：属籼型糯稻三系杂交稻。全生育期151.4d，株高107.1cm，分蘖力中等，株型适中，剑叶较宽且直立，叶色深绿，叶缘、叶鞘、柱头、芽鞘均紫色，籽粒椭圆形，颖尖紫色，偶有短芒。有效穗数228.0万穗/hm^2，穗长20.4cm，穗粒数153.5粒，结实率89.0%。千粒重28.8g。

品质特性：糙米粒长8.2mm，糙米长宽比2.6。

抗性：中抗苗期稻瘟病，感穗期稻瘟病，中抗白叶枯病，中感褐飞虱和白背飞虱，苗期耐冷性中等，孕穗期耐冷性强，耐旱能力中等。

产量及适宜地区：2008—2009年贵州省区域试验平均产量8 368.1kg/hm^2。2009年生产试验平均产量9 064.2kg/hm^2。适宜贵州省中低海拔稻区种植。

栽培技术要点：3月中下旬至4月上中旬播种，大田用种量15.0 ~ 22.5kg/hm^2，秧田用种量112.5 ~ 225.0kg/hm^2。移栽秧龄30 ~ 40d，行穴距（23 ~ 27）cm×（17 ~ 22）cm，每穴1 ~ 3苗。单产稻谷9 000.0kg/hm^2，本田（一般肥力水平稻田）应施用纯氮195.0 ~ 225.0kg/hm^2，配合施用磷肥450.0 ~ 750.0kg/hm^2、氯化钾300.0kg/hm^2，或成分含量近似的水稻专用复合/复混肥；重底早追。适时控水晒田，最高茎蘖数不超过525万/hm^2。注意及时防治稻瘟病、纹枯病及各种螟虫、稻飞虱等。

糯优18（Nuoyou 18）

品种来源：贵州日月丰农业科技有限公司以糯15A/糯恢83配组育成。2010年通过贵州省农作物品种审定委员会审定，审定编号为黔审稻2010014。

形态特征和生物学特性：属籼型糯稻三系杂交稻。全生育期153.9d，株高105.8cm，分蘖力较强，株型适中，剑叶较宽、直立，叶色深绿，叶缘、叶鞘、柱头、芽鞘均紫色，籽粒长形，颖尖紫色，有芒。有效穗数240.0万穗/hm^2，穗长20.4cm，穗粒数163.5粒，结实率86.3%。千粒重26.7g。

品质特性：糙米粒长7.6mm，糙米长宽比2.8。

抗性：中抗苗期稻瘟病，感穗期稻瘟病，中抗白叶枯病，中感褐飞虱和白背飞虱，苗期耐冷性中等，孕穗期耐冷性强，耐旱能力中等。

产量及适宜地区：2008—2009年贵州省区域试验平均产量8 325.6kg/hm^2，2009年生产试验平均产量9 048.6kg/hm^2。适宜贵州省中低海拔稻区种植。

栽培技术要点：3月中下旬至4月上中旬播种，大田用种量15.0 ~ 22.5kg/hm^2，秧田用种量112.5 ~ 225.0kg/hm^2。移栽秧龄30 ~ 40d，行穴距（23 ~ 27）cm×（17 ~ 22）cm，每穴1 ~ 3苗。单产稻谷9 000.0kg/hm^2，本田（一般肥力水平稻田）应施用纯氮195.0 ~ 225.0kg/hm^2，配合施用磷肥450.0 ~ 750.0kg/hm^2、氯化钾300.0kg/hm^2，或成分含量近似的水稻专用复合/复混肥；重底早追。适时控水晒田，最高茎蘖数不超过525万/hm^2。注意及时防治稻瘟病、纹枯病及各种螟虫、稻飞虱等。

奇优801（Qiyou 801）

品种来源：玉屏绿星农业开发有限公司以G98A/玉恢8-1配组育成。2010年通过贵州省农作物品种审定委员会审定，审定编号为黔审稻2010006。

形态特征和生物学特性：属迟熟籼型三系杂交稻。全生育期为154.9d，株高116.4cm，分蘖力中等，株型高大，叶片半卷，叶色淡绿，籽粒长形，颖尖紫色，无芒。有效穗数223.5万穗/hm^2，穗粒数150.8粒，结实率78.8%。千粒重29.0g。

品质特性：糙米粒长7.1mm，糙米长宽比3.0，糙米率81.4%，精米率71.5%，整精米率55.4%，垩白粒率82.0%，垩白度9.8%，透明度1.0级，碱消值4.7级，胶稠度70.0mm，直链淀粉含量24.0%。食味鉴评72.6分，优于对照Ⅱ优838（60分）。

抗性：稻瘟病抗性鉴定为"感"，耐冷性鉴定为"较弱"。

产量及适宜地区：贵州省区域试验两年平均产量9 329.4kg/hm^2，比对照增产5.4%，15个试点全部增产。2009年生产试验平均产量8 744.7kg/hm^2，比对照增产4.0%，6个试点4增2减，增产点（次）为66.7%。贵州省中籼迟熟稻区种植，稻瘟病常发区慎用。

栽培技术要点：清明节前后播种，秧龄不超过45d。育秧方式采用旱育秧或两段育秧，注重培育壮秧。宽窄行栽插方式，栽插密度18万～19.5万穴/hm^2，随海拔升高或肥力降低增加种植密度。以基肥为主，注重分蘖肥和穗肥。基肥施农家肥11 250.0kg/hm^2、尿素105.0kg/hm^2、普通过磷酸钙375.0kg/hm^2、氯化钾105.0kg/hm^2，移栽5d后施分蘖肥45.0～75.0kg/hm^2，结合使用除草剂，主茎圆秆后10d施穗肥尿素30.0kg/hm^2。苗期、破口期、齐穗期注意防治稻瘟病，分蘖期、孕穗期注意防治纹枯病、稻飞虱、螟虫。

奇优894（Qiyou 894）

品种来源：贵州省水稻研究所（贵州省农业科学院水稻研究所）以G98A/R894配组育成。2008年通过贵州省农作物品种审定委员会审定，审定编号为黔审稻2008006。

形态特征和生物学特性：属迟熟籼型三系杂交稻。全生育期153.0d，株高110.2cm，分蘖力较强，株型紧散适中，茎秆粗壮，叶片较宽大，籽粒长形，稃尖紫色，无芒。有效穗数231.0万穗/hm^2，穗粒数134.8粒，结实率76.5%。千粒重30.9g。

品质特性：糙米粒长7.2mm，糙米长宽比3.0，糙米率76.5%，精米率66.2%，整精米率45.5%，垩白粒率72.0%，垩白度7.9%，透明度1.0级，碱消值5.0级，胶稠度53.0mm，直链淀粉含量23.0%。

抗性：稻瘟病抗性鉴定为“感”，耐冷性鉴定为“较强”。

产量及适宜地区：2006年和2007年贵州省区域试验两年平均产量9 398.4kg/hm^2，比对照增产6.8%，16个试点全部增产。2007年生产试验平均产量8 220.0kg/hm^2，比对照减产1.0%，6个试点中2增4减，增产点（次）为33.3%。贵州省中迟熟籼稻区种植，稻瘟病常发区慎用。

栽培技术要点：秧龄不宜长，一般不超过40d，移栽前3～4d施一次“送嫁肥”，栽插密度根据各地不同生态条件和种植习惯而定，一般以15.0万～22.5万穴/hm^{2}为宜，每穴2苗。施肥上应早施分蘖肥，移栽1周以内为宜，后期要适当追施穗粒肥。科学管水，前期采用浅水灌溉，当苗数达到预计有效穗数的85.0%即可晒田，控制无效分蘖，孕穗至抽穗扬花期保持湿润，采用干干湿湿的管水原则，做到以水调肥、以水调气、养根保叶、干湿壮籽。收获前7d左右断水落干。注意及时防治稻瘟病、纹枯病、螟虫、稻飞虱等病虫害。

奇优915（Qiyou 915）

品种来源：贵州省水稻研究所（贵州省农业科学院水稻研究所）以G98A/黔恢915配组育成。2010年通过贵州省农作物品种审定委员会审定，审定编号为黔审稻2010010。

形态特征和生物学特性：属早熟籼型三系杂交稻。全生育期158.5d，株高93.5cm，分蘖力较强，株型集散适度，茎秆粗壮，叶色淡绿，不早衰，叶缘、叶鞘均紫色，籽粒长形，颖尖紫色，无芒，后期转色好。有效穗数249.0万穗/hm^2，穗粒数162.3粒，结实率76.2%。千粒重29.9g。

品质特性：糙米粒长7.2mm，糙米长宽比3.1，糙米率80.8%，精米率71.4%，整精米率66.3%，垩白粒率40.0%，垩白度4.0%，透明度1.0级，碱消值4.0级，胶稠度80.0mm，直链淀粉含量12.1%。

抗性：苗期和穗期都感稻瘟病，苗期耐冷性中等，孕穗期耐冷性较强。

产量及适宜地区：2008年和2009年贵州省区域试验两年平均产量8 949.0kg/hm^2，比对照增产8.1%，16个试点13增3减，增产点（次）为81.3%。2009年生产试验平均产量8 983.5kg/hm^2，比对照增产13.3%，5个试点4增1减，增产点（次）为80.0%。贵州省中籼中早熟稻区种植，稻瘟病常发区慎用。

栽培技术要点：清明节前后播种，秧龄35 ~ 40d为宜。薄膜拱棚旱育秧或两段育秧，培育壮秧。采用宽窄行栽插方式，栽插密度19.5万 ~ 22.5万穴/hm^2，随海拔升高或肥力降低适当增加种植密度。以基肥为主，注重分蘖肥和穗肥。基肥施农家肥15 000.0kg/hm^2、尿素105.0kg/hm^2、普通过磷酸钙375.0kg/hm^2、氯化钾105.0kg/hm^2，移栽5 ~ 7d后施分蘖肥尿素90.0kg/hm^2，在倒3叶期施穗肥尿素30.0kg/hm^2。在水稻整个生长期注意防治稻飞虱、螟虫，以及稻瘟病、稻曲病等病虫害。

黔两优58（Qianliangyou 58）

品种来源：贵州省农业科学院水稻研究所以2136S/M86配组育成。2004年通过贵州省农作物品种审定委员会审定，审定编号为黔审稻2004011。

形态特征和生物学特性：属中熟籼型两系杂交稻。全生育期147.5d，株高95.6cm，分蘖力强，生长旺盛，繁茂性好，株型松散适中，苗期早生快发，剑叶直立，叶色淡绿，叶鞘、叶耳均紫色，籽粒长形，颖尖紫色，无芒。有效穗数300.0万穗/hm^2，穗粒数104.1粒，结实率76.1%。千粒重28.0g。

品质特性：糙米粒长6.7mm，糙米长宽比2.9，糙米率80.5%，精米率72.7%，整精米率57.1%，垩白粒率32.0%，垩白度8.0%，透明度2.0级，碱消值5.1级，胶稠度80.0mm，直链淀粉含量15.0%，糙米蛋白质含量11.3%。

抗性：中抗苗期和穗期稻瘟病，苗期耐冷性中等，孕穗期耐冷性较强。

产量及适宜地区：2002年贵州省区域试验平均产量7 972.5kg/hm^2，比对照汕优晚3增产4.5%，增产达显著水平；2003年续试平均产量9 042.0kg/hm^2，比对照金优77增产6.7%，增产达极显著水平；两年平均产量8 506.5kg/hm^2，比对照增产5.7%。2003年生产试验5个点平均产量8 283.0kg/hm^2，比对照增产10.1%。适宜贵州省中熟籼稻区、高海拔地区种植的较理想的杂交稻组合。

栽培技术要点：适时播种，采用旱育秧或两段育秧方式培育壮秧。贵州省在4月上旬播种，8月中下旬齐穗比较适宜。根据不同的肥力条件，栽插18.0万～27.0万穴/hm^2，每穴2苗。注意施足底肥，特别强调增施有机肥和氮、磷、钾肥配合施用，促进提高稻米品质。注意病虫害的综合防治，加强稻瘟病防治。

黔南优2058（Qiannanyou 2058）

品种来源：贵州省黔南州农业科学研究所以K22A/QN2058配组育成。2005年通过贵州省农作物品种审定委员会审定，审定编号为黔审稻2005009。

形态特征和生物学特性：属中迟熟籼型三系杂交稻。全生育期150.1d，株高112.3cm，株型松散适中，生长旺盛，苗期分蘖快，茎秆粗壮，剑叶直立，叶色青秀。有效穗数247.5万穗/hm^2，穗粒数122.5粒，结实率79.8%。千粒重31.1g。

品质特性：糙米粒长7.3mm，糙米长宽比2.8，整精米率47.0%，垩白粒率72.0%，垩白度13.0%，胶稠度52.0mm，直链淀粉含量21.6%。

抗性：稻瘟病抗性鉴定：2003年表现为"中感"，2004年表现为"感"，耐冷性鉴定为"较强"。

产量及适宜地区：2003年贵州省区域试验平均产量9 003.0kg/hm^2，比对照汕优63增产6.5%，增产达极显著水平；2004年续试平均产量9 411.0kg/hm^2，比对照汕优63增产11.3%，增产达极显著水平；两年平均产量9 207.0kg/hm^2，比对照增产8.9%，16个试点中13增3减，增产点（次）为69.0%。2004年生产试验平均产量7 834.5kg/hm^2，比对照增产5.7%。在我国长江上游地区具有广泛适应性。适宜贵州省中籼迟熟稻区种植，注意防治稻瘟病，稻瘟病常发区慎用。

栽培技术要点：实行旱育秧或两段育秧，培育壮秧，促进低位分蘖，以提高有效穗数；本田期施足基肥，特别是多施有机肥，氮、磷、钾肥配合施用，忌偏施尿素，栽插密度18.0万～22.5万穴/hm^2，宽行窄株或宽窄行栽培，规格为16.7cm×33.3cm、16.7cm×26.7cm或13.3cm×33.3cm。后期不要断水过早，加强病虫害防治。

黔香优2000（Qianxiangyou 2000）

品种来源：贵州省农业科学院水稻研究所以360S/Uni2000配组育成，采用系谱法选育而成。2004年通过贵州省农作物品种审定委员会审定，审定编号为黔审稻2004010。

形态特征和生物学特性：属早熟籼型两系杂交稻。全生育期145.9d，株高94.0cm，生长旺盛，繁茂性好，株型松散适中，苗期分蘖早生快发，茎秆粗壮，剑叶直立，叶色淡绿，叶鞘、叶枕均紫色，颖尖紫色。有效穗数300.0万穗/hm^2，穗长24.0cm，穗粒数95.5粒，结实率73.8%。千粒重27.0g。

品质特性：糙米粒长6.8mm，糙米长宽比2.9，糙米率79.5%，精米率72.4%，整精米率66.1%，垩白粒率85.0%，垩白度0.6%，透明度1.0级，碱消值5.4级，胶稠度87.0mm，直链淀粉含量13.7%，糙米蛋白质含量9.5%。

抗性：中抗苗期和穗期稻瘟病，苗期耐冷性中等，孕穗期耐冷性较强。

产量及适宜地区：2002年贵州省早熟组区域试验平均产量7 525.5kg/hm^2，比对照汕优晚3减产1.3%，减产不显著；2003年早熟组续试平均产量8 385.6kg/hm^2，比对照金优77减产1.0%，减产不显著；两年平均产量7 956.0kg/hm^2，比对照减产1.2%。2003年生产试验5个点平均产量7 319.3kg/hm^2，比对照减产2.7%。适宜贵州省中迟熟籼稻区种植。

栽培技术要点：4月上中旬播种。采用两段育秧或旱育秧方式培育壮秧，秧龄控制在30～40d。播前施足底肥，稀播、匀播，插足基本苗，一般栽插密度21万～27万穴/hm^2，每穴2苗；栽秧前施足基肥，注意氮、磷、钾肥配合施用。及时防治病虫害。

黔香优302（Qianxiangyou 302）

品种来源：贵州省水稻研究所（贵州省农业科学院水稻研究所）以粤丰A/黔香恢302为杂交组合，采用系谱法选育而成。2005年通过贵州省农作物品种审定委员会审定，审定编号为黔审稻2005001。

形态特征和生物学特性：属迟熟籼型三系杂交稻。全生育期151.7d，株高108.8cm，分蘖力较强，生长旺盛，株型较好，茎秆粗壮，籽粒长形，颖壳、颖尖绿色，有芒，穗大粒多。有效穗数279.0万穗/hm^2，穗粒数162.4粒，结实率72.0%。千粒重26.6g。

品质特性：糙米粒长7.3mm，糙米长宽比3.0，糙米率80.9%，精米率69.9%，整精米率55.0%，垩白粒率12.0%，垩白度1.2%，胶稠度72.0mm，直链淀粉含量16.2%，达国标二级优质米标准。

抗性：中抗苗期和穗期稻瘟病，中抗白叶枯病，中感褐飞虱和白背飞虱，苗期耐冷性中等，孕穗期耐冷性强，耐旱能力中等。

产量及适宜地区：2003年贵州省区域试验平均产量8 149.5kg/hm^2，比对照汕优63减产0.2%；2004年续试平均产量8 107.5kg/hm^2，比对照汕优63减产4.2%；两年平均产量8 128.5kg/hm^2，比对照减产2.2%。2004年生产试验平均产量7 842.0kg/hm^2，比对照增产3.4%。适宜贵州省中籼迟熟稻区作优质稻种植，稻瘟病常发区慎用。

栽培技术要点：与汕优63和金优63基本相同，可采取两段育秧或1次小苗（秧龄不超过30d）浅水栽培，栽插密度15.0万～22.5万穴/hm^2，一般每穴2苗，根据田块的肥力状况，可采用30.0cm×16.7cm、30.0cm×23.3cm或30.0cm×30.0cm的密度栽插。一般基肥施农家肥15 000.0kg/hm^2和过磷酸钙750.0kg/hm^2左右，追肥尿素225.0kg/hm^2左右。由于优质香稻易感病虫害，注意适时防治病虫害。中耕2次，并根据不同生育时期，及时进行稻田的水肥管理。成熟后及时收割，干燥时注意仔细翻晒，稻谷加工时使其含水量保持在13.0%左右，以提高整精米率。

黔优107（Qianyou 107）

品种来源：贵州省水稻研究所（贵州省农业科学院水稻研究所）以中9A/黔恢107配组育成。2005年通过贵州省农作物品种审定委员会审定，审定编号为黔审稻2005002。

形态特征和生物学特性：属早熟籼型三系杂交稻。全生育期142.4d，株高95.5cm，分蘖力较强，株型紧凑，剑叶短而直立，叶色淡绿，颖壳绿色，籽粒椭圆形，颖尖绿色，无芒，穗型中等。有效穗数255.0万穗/hm^2，穗粒数135.7粒，结实率78.6%。千粒重25.5g。

品质特性：糙米粒长6.6mm，糙米长宽比2.5，糙米率79.3%，精米率70.1%，整精米率70.1%，垩白粒率63.0%，垩白度12.6%，胶稠度60.0mm，直链淀粉含量24.3%。

抗性：中抗苗期和穗期稻瘟病，中抗白叶枯病，中感褐飞虱和白背飞虱，苗期耐冷性中等，孕穗期耐冷性较强，耐旱能力中等。

产量及适宜地区：2002年贵州省区域试验平均产量7 626.0kg/hm^2，比对照汕优晚3增产8.0%。2003年续试平均产量8 472.0kg/hm^2，比对照金优77增产0.3%；两年平均产量8 049.0kg/hm^2，比对照增产4.0%。2003年生产试验平均产量7 506.0kg/hm^2，比对照减产0.2%。适合贵州省中籼中早熟稻区作专用型品种种植、贵州省海拔1 100m以上的高海拔籼稻地区作一季早熟中稻种植。在低海拔地区，可作多熟制的早稻或晚稻品种使用，稻瘟病常发区慎用。

栽培技术要点：可采取两段育秧或1次小苗(秧龄不超过30d)浅水栽培，一般每穴2苗，栽插15.0万～22.5万穴/hm^2，根据田块的肥力状况，可采用26.7cm×16.7cm、26.7cm×23.3cm或26.7cm×26.7cm的密度栽插。一般基肥施农家肥15 000.0kg/hm^{2}和过磷酸钙750.0kg/hm^{2}左右，追肥尿素225.0kg/hm^{2}左右。适时防治病虫害。秋后成熟及时收割。

黔优18（Qianyou 18）

品种来源：贵州省农业科学院水稻研究所以协青早A/4761配组育成。2002年通过贵州省农作物品种审定委员会审定，审定编号为黔审稻2002005。

形态特征和生物学特性：属籼型三系杂交稻。全生育期154.1d，株高101.6cm，分蘖力较强，株型紧凑，剑叶挺直，叶色较绿，叶鞘紫色，叶下禾，抽穗整齐度好，后期青秆黄熟。籽粒黄色，稃尖紫色，易脱粒。有效穗数232.5万穗/hm^2，穗粒数142.2粒，结实率80.0%。千粒重27.2g。

品质特性：糙米粒长5.9mm，糙米长宽比2.3，糙米率81.6%，精米率74.8%，整精米率47.0%，垩白米率78.0%，垩白度18.3%，透明度2.0级，碱消值7.0级，胶稠度42.0mm，直链淀粉含量24.0%，糙米蛋白质含量10.0%。

抗性：稻瘟病成株期穗瘟接种鉴定为"抗"（1级），田间自然鉴定为"抗"，抽穗扬花期耐冷性特强。

产量及适宜地区：2000年贵州省区域试验平均产量8 052.0kg/hm^2，比对照增产7.3%；2001年续试平均产量8 643.0kg/hm^2，比对照增产7.8%。2001年生产试验平均产量8 908.5kg/hm^2，比相应综合对照增产2.3%。适宜贵州省海拔1 200m以下的一季中稻晚熟稻区，中、上等肥力水平田块种植。

栽培技术要点：一般3月下旬至4月上旬播种，宜采用旱育秧、两段育秧。秧田施足底肥，适当稀播，移栽前3～4d施一次"送嫁肥"。适时早栽，秧龄35～40d，栽插密度18.0万～22.5万穴/hm^2，每穴2苗。以基肥为主，有机肥与无机肥搭配，早施分蘖肥，适施穗粒肥。前期采用浅水灌溉，当苗数达到预计有效穗数的85.0%时晒田，控制无效分蘖，孕穗至抽穗扬花期保持湿润，采用干干湿湿的管水原则，收获前1周左右断水落干。综合防治稻瘟病、纹枯病、螟虫、稻飞虱等病虫害。适时收获。

黔优301（Qianyou 301）

品种来源：贵州省农业科学院水稻研究所以金23A/黔恢301配组育成。2004年通过贵州省农作物品种审定委员会审定，审定编号为黔审稻2004009。

形态特征和生物学特性：属迟熟籼型三系杂交稻。全生育期149.0d，株高98.0cm，分蘖力较强，生长旺盛，繁茂性好，株型紧凑，叶形较好，叶鞘、柱头均紫色，籽粒长形，颖尖紫色，无芒。有效穗数270.0万穗/hm^2，穗粒数103.8粒，结实率72.0%。千粒重26.7g。

品质特性：糙米长宽比2.9，整精米率55.7%，垩白度6.6%，胶稠度60.0mm，直链淀粉含量24.0%。

抗性：中抗苗期和穗期稻瘟病，中抗白叶枯病，中感褐飞虱和白背飞虱，苗期耐冷性中等，孕穗期耐冷性强，耐旱能力中等。

产量及适宜地区：2001—2002年贵州省区域试验平均产量7 773.0kg/hm^2。2003年生产试验平均产量8 383.5kg/hm^2。适宜贵州省中迟熟杂交籼稻区种植。

栽培技术要点：4月上中旬播种，采取两段育秧或1次小苗（秧龄最好不超过30d）浅水栽培，一般每穴2苗，栽插密度15.0万～22.5万穴/hm^2，根据田块的肥力状况，可采用23.3cm×23.3cm、26.7cm×26.7cm或30.0cm×30.0cm的密度栽插。一般基肥施农家肥15 000.0kg/hm^{2}和过磷酸钙750.0kg/hm^{2}左右，追肥尿素225.0kg/hm^{2}左右。适时防治病虫害。

黔优568（Qianyou 568）

品种来源：贵州省水稻研究所（贵州省农业科学院水稻研究所）以T98A/Q568配组育成。2007年通过贵州省农作物品种审定委员会审定，审定编号为黔审稻2007003。

形态特征和生物学特性：属早熟籼型三系杂交稻。全生育期153.1d，株高99.0cm，分蘖力强，株型适中，叶片窄且直立，形态好，籽粒长形，颖壳、颖尖均无色。有效穗数304.5万穗/hm^2，穗长24.8cm，穗粒数138.6粒，结实率76.6%。千粒重22.7g。

品质特性：糙米粒长6.3mm，糙米长宽比2.9，糙米率79.8%，精米率70.4%，整精米率50.0%，垩白粒率33.0%，垩白度4.0%，透明度1.0级，碱消值5.0级，胶稠度64.0mm，直链淀粉含量18.6%，糙米蛋白质含量8.5%。

抗性：感苗期和穗期稻瘟病，苗期耐冷性中等，孕穗期耐冷性较强。

产量及适宜地区：2004年和2006年贵州省区域试验两年平均产量9 295.5kg/hm^2，比对照增产7.4%，16个试点14增2减，增产点（次）为87.5%。2006年生产试验平均产量8 708.6kg/hm^2，比对照增产0.4%，4个试点3增1减，增产点（次）为75.0%。最大年（2010）推广面积4万hm^2，2008—2012年累计推广面积16万hm^2。适宜贵州省早熟籼稻区种植，稻瘟病重发区慎用。

栽培技术要点：早播早插，清明节前后播种，秧龄不超过45d。育秧方式采用旱育秧或两段育秧，注重培育壮秧。宽窄行栽插方式，栽插密度19.5万～27万穴/hm^2，随海拔升高或肥力降低增加种植密度。以基肥为主，注重分蘖肥和穗肥。基肥施农家肥11 250.0kg/hm^2、尿素105.0 kg/hm^2、普通过磷酸钙375.0kg/hm^2、氯化钾105.0kg/hm^2，移栽5d后施分蘖肥尿素45.0kg/hm^2，施穗肥尿素30.0kg/hm^2。苗期、破口期、齐穗期注意防治稻瘟病，分蘖期、孕穗期注意防治稻飞虱、螟虫。

黔优88（Qianyou 88）

品种来源：贵州省农业科学院水稻研究所以珍汕97A/黔恢085配组育成。2003年通过贵州省农作物品种审定委员会审定，审定编号为黔审稻2003014。

形态特征和生物学特性：属迟熟籼型三系杂交稻。全生育期153.2d，株高101.0cm，株型好，茎秆粗壮，叶片直立，穗大粒多。有效穗数274.5万穗/hm^2，穗长25.2cm，穗粒数108.0粒，结实率77.6%。千粒重27.4g。

品质特性：外观米质好，米饭柔软可口。

抗性：稻瘟病自然鉴定表现为“抗”和“高抗”，接种鉴定为“中感”和“高感”，耐冷性强。

产量及适宜地区：2000—2001年贵州省区域试验两年平均产量7 840.5kg/hm^2，比对照汕优63增产7.6%。2002年省生产试验平均产量8 922.0kg/hm^2，比对照增产28.3%。适宜贵州省中迟熟稻区种植，贵州省1 000m海拔以下低热“坝子”稻区高产种植。

栽培技术要点：栽插密度为18.0万～24.0万穴/hm^2，施足底肥，合理施用分蘖肥，特别要注意后期以磷、钾肥为主的穗肥施用，及时防治病虫害。

黔优联合9号（Qianyoulianhe 9）

品种来源：贵州省农业科学院水稻研究所以Ⅱ-32A/联合9号配组育成。2004年通过贵州省农作物品种审定委员会审定，审定编号为黔审稻2004008。

形态特征和生物学特性：属迟熟籼型三系杂交稻。全生育期153.0d，株高106.4cm，生长旺盛，繁茂性好，株型松散适中，苗期分蘖快，茎秆粗壮，剑叶直立，叶色淡绿，叶鞘、叶枕均紫色，籽粒长形，颖尖紫色，无芒。有效穗数255.0万穗/hm^2，穗粒数117.1粒，结实率74.8%。千粒重28.0g。

品质特性：糙米长宽比2.6，整精米率56.6%，垩白粒率53.0%，垩白度6.4%，胶稠度60.0mm，直链淀粉含量25.2%。

抗性：中抗苗期和穗期稻瘟病，苗期耐冷性中等，孕穗期耐冷性较强。

产量及适宜地区：2002年贵州省区域试验平均产量7 087.5kg/hm^2，比对照汕优63增产15.5%，增产达极显著水平；2003年续试平均产量8 884.5kg/hm^2，比对照汕优63增产3.9%，增产达极显著水平；两年平均产量8 436.0kg/hm^2，比对照增产9.1%。2003年生产试验平均产量8 712.0kg/hm^2，比对照增产7.2%。适宜贵州省中迟熟籼稻区、贵州省中低海拔地区及周边类似生态区内种植。

栽培技术要点：适时早播，一般在4月上中旬播种，采用两段育秧技术或旱育秧技术，培育多蘖壮秧，秧龄40～50d。栽插规格为16.7cm×（23.3～26.6）cm或宽窄行（16.7+33.3）cm×16.7cm，每穴2苗。施足基肥，早施追肥，一般在栽秧后7d左右追肥，注意氮、磷、钾肥配合使用，忌偏施氮肥，充分发挥大穗优势，早施追肥。注意防治病虫害。

全优1479（Quanyou 1479）

品种来源：贵州省遵义市农业科学研究所以全丰A/R1479配组育成。2012年通过贵州省农作物品种审定委员会审定，审定编号为黔审稻2012007。

形态特征和生物学特性：属早熟籼型三系杂交稻。全生育期158.5d，株高93.5cm，分蘖力较强，株型集散适度，茎秆粗壮，叶色淡绿，不早衰，叶缘、叶鞘均紫色，籽粒长形，颖尖紫色，无芒，后期转色好。有效穗数249.0万穗/hm^2，穗粒数162.3粒，结实率76.2%。千粒重29.9g。

品质特性：糙米长宽比2.6，精米率72.8%，整精米率65.2%，垩白粒率87.0%，垩白度9.6%，透明度1.0级，胶稠度40.0mm，直链淀粉含量23.4%。食味鉴评64.1分。

抗性：稻瘟病抗性鉴定综合评价为“感”，耐冷性鉴定结果为“强”。

产量及适宜地区：2010年贵州省区域试验平均产量8 775.0kg/hm^2，比对照Ⅱ优838增产8.3%，达极显著水平；2011年续试平均产量9 298.4kg/hm^2，比对照增产5.8%，达显著水平；两年平均产量9 036.6kg/hm^2，比对照增产6.6%，16个点次14增2减，增产点（次）为87.5%。2011年生产试验平均产量9 601.7kg/hm^2，比对照增产5.7%，4个点全部增产。适宜贵州省中迟熟杂交籼稻地区种植，稻瘟病常发区慎用。

栽培技术要点：清明节前后播种，播种前晒种、强氯精浸种、稀播匀播，科学肥水管理，培育多蘖壮秧。育秧方式采用旱育秧或两段育秧，秧龄不超过45d。宽窄行栽插方式，栽插密度15.0万～22.5万穴/hm^2，随海拔升高或肥力降低增加种植密度。重底肥早追肥，增施磷、钾肥和有机肥，结合科学管水，够苗晒田，干湿壮籽，做到苗足、苗健、穗大、粒重。基肥施农家肥11 250.0kg/hm^2、尿素105.0kg/hm^2、普通过磷酸钙375.0kg/hm^2、氯化钾105.0kg/hm^2，移栽5d后施分蘖肥尿素45.0kg/hm^2，主穗幼穗分化Ⅱ至Ⅲ期施穗肥尿素30.0～60.0kg/hm^2。苗期、破口期、齐穗期注意防治稻瘟病，分蘖期、孕穗期注意防治稻飞虱、螟虫。适时收割。

蓉优396（Rongyou 396）

品种来源：贵州百隆源种业有限公司、成都市农林科学院作物研究所以蓉18A/蓉恢396配组育成。2012年通过贵州省农作物品种审定委员会审定，审定编号为黔审稻2012003。

形态特征和生物学特性：属籼型三系杂交稻。全生育期158.5d，株高112.9cm，株型松散适中，下位叶较窄、略内卷，上层叶片中宽、较直立挺拔，叶缘、叶鞘均紫色，籽粒长形，颖壳黄色，颖尖紫色，无芒。有效穗数207.0万穗/hm^2，穗长24.9cm，穗粒数147.4粒，结实率78.5%。千粒重29.7g。

品质特性：糙米长宽比3.1，精米率70.6%，整精米率58.5%，垩白粒率28.0%，垩白度1.7%，透明度1.0级，胶稠度50.0mm，直链淀粉含量22.9%，达国标三级优质米标准。食味鉴评74.8分。

抗性：稻瘟病抗性鉴定综合评价为“感”；耐冷性鉴定结果2009年为“较强”，2010年“中等”。

产量及适宜地区：2009年贵州省区域试验平均产量8 768.4kg/hm^2，比对照Ⅱ优838增产4.4%，达极显著水平；2010年续试平均产量9 080.7kg/hm^2，比对照增产8.1%，达极显著水平；两年平均产量8 924.6kg/hm^2，比对照增产6.2%，16个试点13增3减，增产点（次）为81.3%。2011年生产试验平均产量9 549.6kg/hm^2，比对照增产2.3%，4个试点2增2减，增产点（次）为50%。适宜贵州省中迟熟杂交籼稻地区种植，稻瘟病常发区慎用。

栽培技术要点：清明节前后播种，播种前晒种、强氯精浸种、稀播匀播，科学肥水管理，培育多蘖壮秧。育秧方式采用旱育秧或两段育秧，秧龄不得超过45d。合理密植，宽窄行栽插方式，栽插密度18.0万～22.5万穴/hm^2，种植密度随海拔增高或肥力降低增加种植密度。科学肥水管理，重底肥早追肥，增施磷、钾肥和有机肥，结合科学管水，够苗晒田，干湿壮籽，做到苗足、苗健、穗大、粒重。基肥施农家肥15 000.0kg/hm^2、尿素105.0kg/hm^2、普通过磷酸钙375.0kg/hm^2、氯化钾105.0kg/hm^2，移栽5～7d后施分蘖肥尿素90.0kg/hm^2，主穗圆秆后10d施穗肥尿素30.0kg/hm^2。苗期、破口期、齐穗期注意防治稻瘟病，分蘖期、孕穗期注意防治稻飞虱、螟虫。

瑞优9808（Ruiyou 9808）

品种来源：重庆市瑞丰种业有限责任公司以瑞丰3A/瑞恢9808配组育成。2011年通过贵州省农作物品种审定委员会审定，审定编号为黔审稻2011003。

形态特征和生物学特性：属中迟熟籼型三系杂交稻。全生育期158.4d，株高113.5cm，分蘖力中等，株型较好，茎秆较粗壮，剑叶较直，叶色淡绿，叶缘、叶鞘均紫色，籽粒长形，颖尖紫色，无芒，后期转色好，大穗型。有效穗数211.5万穗/hm^2，穗粒数154.5粒，结实率82.1%。千粒重28.3g。

品质特性：糙米粒长7.0mm，糙米长宽比2.8，糙米率81.2%，精米率68.1%，整精米率55.7%，垩白粒率46.0%，垩白度4.6%，透明度1.0级，碱消值4.0级，胶稠度30.0mm，直链淀粉含量26.2%。

抗性：稻瘟病抗性鉴定为“感”，耐冷性鉴定为“较弱”。

产量及适宜地区：2009年贵州省区域试验平均产量8 912.6kg/hm^2，比对照增产6.1%；2010年续试平均产量8 862.8kg/hm^2，比对照增产9.3%；两年平均产量8 887.8kg/hm^2，比对照增产7.7%，16个试点全部增产。2010年生产试验平均产量8 928.0kg/hm^2，比对照增产5.0%，6个试点4增2减，增产点（次）为66.7%。适宜贵州省中籼迟熟稻区种植，稻瘟病常发区慎用。

栽培技术要点：清明节前后播种，播种前晒种、强氯精浸种、稀播匀播，科学肥水管理，培育多蘖壮秧。育秧方式采用旱育秧或两段育秧，秧龄不超过45d。合理密植，宽窄行栽插方式，栽插密度18.0万～22.5万穴/hm^2，随海拔升高或肥力降低增加种植密度。科学肥水管理，重底肥早追肥，增施磷、钾肥和有机肥，结合科学管水，够苗晒田，干湿壮籽，做到苗足、苗健、穗大、粒重。基肥施农家肥11 250.0kg/hm^2、尿素105.0kg/hm^2、普通过磷酸钙375.0kg/hm^2、氯化钾105.0kg/hm^2，移栽5d后施分蘖肥尿素105.0～150.0kg/hm^2，主穗圆秆后10d施穗肥尿素30.0kg/hm^2。苗期、破口期、齐穗期注意防治稻瘟病，分蘖期、孕穗期注意防治稻飞虱、螟虫。

汕优108（Shanyou 108）

品种来源：贵州省水稻工程技术研究中心、贵州省水稻研究所（贵州省农业科学院水稻研究所）以珍汕97A/黔恢108为配组育成。2013年通过贵州省农作物品种审定委员会审定，审定编号为黔审稻2013004。

形态特征和生物学特性：属迟熟籼型三系杂交稻。全生育期157.2d，株高104.3cm，株型适中，后期叶片直立，叶色淡绿，叶鞘、叶缘紫色，籽粒椭圆形，颖尖紫色，偶有短芒。有效穗数235.5万穗/hm^2，穗长24.7cm，穗粒数177.8粒，结实率79.6%。千粒重29.4g。

品质特性：糙米长宽比2.6，糙米率80.8%，整精米率59.1%，垩白粒率90.0%，垩白度13.3%，胶稠度58.0mm，直链淀粉含量19.6%，糙米蛋白质含量8.5%。食味鉴评70.6分。

抗性：2011—2012年稻瘟病抗性鉴定综合评价均为“中感”，耐冷性鉴定结果2011年为“强”、2012年为“较强”。

产量及适宜地区：2011年贵州省区域试验平均产量9 441.0kg/hm^2，比对照（组内平均值）增产5.5%；2012年续试平均产量9 121.5kg/hm^2，比对照Ⅱ优838增产4.8%；两年平均产量9 280.5kg/hm^2，比对照平均增产5.2%，17个点15增2减，增产点（次）为88.2%。2012年生产试验平均产量8 103.0kg/hm^2，比对照增产6.1%，5个点4增1减，增产点（次）为80.0%。适宜贵州省中低海拔迟熟杂交籼稻地区。

栽培技术要点：贵州省一般于3月下旬至4月上中旬播种，采用湿润育秧、温室两段育秧、旱育秧、薄膜覆盖育秧等方式均可，移植适宜秧龄期为40d左右。一般栽插密度15.0万～27.0万穴/hm^2，随海拔升高或肥力降低适当增加种植密度，宽窄行（窄行16.7～26.6cm，宽行26.6～40.0cm，穴距16.7cm）、宽行密株（宽行26.6～40.0cm，穴距16.7～20.0cm）或者常规移植（行距20.0～26.7cm，穴距16.7～20.0cm）栽插。施足底肥，采用农家肥与化肥配合施用，一般基肥施用农家肥15 000.0～22 500.0kg/hm^2、普通过磷酸钙750.0kg/hm^2、尿素225.0～300.0kg/hm^2、钾肥150.0～225.0kg/hm^2；抽穗前10d补施适量穗肥。分蘖期够苗时，适度晒田控苗；成熟期不要晒田过早。注意病虫害防治。

汕优456（Shanyou 456）

品种来源：贵州德农种业有限责任公司以珍汕97A/R456配组育成。2004年通过贵州省农作物品种审定委员会审定，审定编号为黔审稻2004001。

形态特征和生物学特性：属迟熟籼型三系杂交稻。全生育期152.5d，株高102.3cm，分蘖力中等，株型较好，叶片略卷曲，叶鞘、颖尖、柱头均紫色。有效穗数229.5万穗/hm^2，穗长17.6cm，穗粒数127.6粒，结实率73.2%。千粒重28.4g。

品质特性：糙米粒长9.5mm，糙米长宽比2.4，糙米率80.1%，精米率71.0%，整精米率57.7%，垩白粒率85.0%，垩白度9.0%，透明度3.0级，碱消值7.0级，胶稠度50.0mm，直链淀粉含量20.9%，糙米蛋白质含量10.4%。

抗性：中抗苗期和穗期稻瘟病，苗期耐冷性中等，孕穗期耐冷性较强。

产量及适宜地区：2001年贵州省区域试验平均产量7 830.0kg/hm^2，比对照汕优63增产3.0%，增产达显著水平；2002年续试平均产量8 227.5kg/hm^2，比对照汕优63增产18.9%，增产达极显著水平；两年平均产量8 029.5kg/hm^2，比对照增产10.6%。2003年生产试验平均产量8 606.7kg/hm^2，比对照增产5.9%。适宜贵州省中迟熟籼稻区种植。

栽培技术要点：适时早播，培育多蘖壮秧。黔东、黔南、黔西南、遵义稻作区播种期可在3月20日以后，黔中稻作区宜在4月上旬左右。合理密植，以宽窄行为好，栽插密度22.5万～25.5万穴/hm^2。科学施肥，以氮、磷、钾配合的复合肥为好，施纯氮量150.0kg/hm^2以上。科学管理，确立高产群体结构，提高分蘖成穗率。综合防治病虫害，注重后期的水浆管理。

汕优608（Shanyou 608）

品种来源：贵州省黔东南州农业科学研究所以珍汕97A/凯恢608配组育成。2004年通过贵州省农作物品种审定委员会审定，审定编号为黔审稻2004002。

形态特征和生物学特性：属晚熟籼型杂交稻。全生育期152.6d，生育期适中，株高110.2cm，分蘖力中等，株型集散适中，茎秆粗壮，根系发达，高产稳产。有效穗数403.5万穗/hm^2，穗长24.4cm，穗粒数183.6粒，结实率79.1%。千粒重27.2g。

品质特性：糙米长宽比2.3，糙米率80.2%，整精米率56.3%，垩白粒率35.0%，垩白度3.5%，胶稠度41.0mm，直链淀粉含量20.9%。

抗性：抗苗期和穗期稻瘟病，高抗白叶枯病、褐飞虱和白背飞虱，苗期和孕穗期耐冷性较强，耐旱能力中等。2001年自然鉴定为“抗”，接种鉴定为“高抗”。2002年接种鉴定为“抗”，综合评定稻瘟病抗性强，耐冷性强。

产量及适宜地区：2001—2002年参加贵州省杂交水稻区域试验，平均产量7 753.5kg/hm^2，比对照汕优63增产5.9%。2003—2007年在黔东南、铜仁、遵义、黔南、贵阳等稻瘟病区生产示范170hm^2，平均产量达9 496.5kg/hm^2，比当地对照品种汕优63、冈优22、Ⅱ优7号、Ⅱ优838增产10.0%～17.2%，增产效果十分显著。2006年在黔东南天柱高酿对汕优608进行超高产栽培，平均产量11 287.5kg/hm^2。最大年（2006）推广面积0.4万hm^2，2004—2012年累计推广面积2.6万hm^2。适宜贵州省海拔1 300m以下地区种植。

栽培技术要点：适时播种，培育多蘖壮秧。在南方地区作中稻栽培于4月上旬播种，两段育秧，旱育稀植培育壮秧，秧龄30d左右移栽。适时移栽，合理密植，栽插规格以20.0cm×23.0cm为宜，每穴2苗。科学施肥和管水，晒田程度视苗情、气候、土质而定，一般宜重不宜轻；抽穗时保持田间有水层，灌浆期干湿交替，保持根系活力，切忌断水过早。加强病虫防治，用强氯精浸种，以防止恶苗病等病害的发生；根据病虫害预测预报及时施药，及时防治纹枯病、稻瘟病、稻蓟马、稻纵卷叶螟、二化螟、三化螟、稻飞虱等病虫害。

汕优联合2号（Shanyoulianhe 2）

品种来源：贵州省农业科学院水稻研究所以珍汕97A/联合2号配组育成。2002年通过贵州省农作物品种审定委员会审定，审定编号为黔审稻2002004。2009年通过云南省普洱市农作物品种审定委员会审定，审定编号为滇特（普洱）审稻2009026。

形态特征和生物学特性：属籼型三系杂交稻。全生育期149.7d，株高100.0cm。有效穗数244.5万穗/hm^2，穗长23.8cm，穗粒数154.0粒，结实率85.0%。千粒重27.5g。

品质特性：糙米粒长6.2mm，糙米长宽比2.3，糙米率80.5%，精米率70.8%，整精米率53.0%，垩白粒率64.0%，垩白度8.3%，透明度2.0级，碱消值7.0级，胶稠度55.0mm，直链淀粉含量21.4%。

抗性：中抗稻瘟病和白叶枯病。

产量及适宜地区：1999年参加贵州省区域试验平均产量8 889.0kg/hm^2，比对照优63增产5.8%；2000年续试平均产量7 648.5kg/hm^2，比对照增产8.3%；2001年生产试验平均产量8 838.0kg/hm^2，比对照增产2.7%。适宜贵州省中晚熟籼稻区、贵州省普洱地区海拔1 350m以下的稻区、贵州海拔1 150m以下及其周边适种汕优63的地区推广种植。

栽培技术要点：适时播种，一般在4月上旬播种，采用两段育秧方式，秧龄40～50d。合理密植，栽插密度16.5cm×（23.0～26.4）cm或宽窄行移栽，每穴2苗。注意施足底肥，早追肥，一般在栽秧后7d左右追肥，注意氮磷钾肥的配合施用和病虫害的防治。

汕优窄八（Shanyouzhaiba）

品种来源：贵州省黔南州农业科学研究所以珍汕97A/窄8配组育成。

形态特征和生物学特性：属籼型三系杂交稻。全生育期145.0d，株高105.0cm，分蘖力强，株型紧散适度，叶长宽适当、立举，前期叶色灰绿，略下垂，随着生育进程的推进，叶片直立挺拔。有效穗数268.5万穗/hm^2，穗长24.5cm，穗粒数174.5粒，结实率83.3%。千粒重27.0g。

抗性：稻瘟病抗性“特强”，抽穗扬花期耐冷性强。

产量及适宜地区：1977年组合试验（5月17日播）平均产量为7 795.5kg/hm^2，比南优六号增产4.1%，比早优四号增产10.0%。1975年组合试验（5月12日播种）平均产量为10 327.5kg/hm^2，比南优二号增产21.2%。因同期晚播南优二号未能正常成熟，两年平均产量7 095.0kg/hm^2。在贵州中北部海拔1 000m上下、年均温14℃左右的温凉地区生长表现较好。

栽培技术要点：加强肥水管理，酌施壮籽肥，增加后三叶的氮素营养，延长功能叶的寿命，增强光合效能，注意湿润灌溉，以防早衰。

天优1177（Tianyou 1177）

品种来源：贵州百隆源种业有限公司引进、江油市太和作物研究所以天龙101A/R177配组育成。2011年通过贵州省农作物品种审定委员会审定，审定编号为黔审稻2011007。

形态特征和生物学特性：属早熟籼型三系杂交稻。全生育期157.9d，株高94.6cm，分蘖力中等，株型较好，茎秆较粗壮，剑叶挺直，叶色浓绿，叶缘、叶鞘均紫色，籽粒长形，颖尖紫色，无芒，后期转色好。有效穗数232.5万穗/hm^2，穗长23.7cm，穗粒数140.7粒，结实率78.3%。千粒重29.2g。

品质特性：糙米粒长7.0mm，糙米长宽比2.9，糙米率80.1%，精米率67.8%，整精米率53.5%，垩白粒率68.0%，垩白度6.8%，透明度1.0级，碱消值4.0级，胶稠度72.0mm，直链淀粉含量16.6%。食味鉴评76.6分。

抗性：稻瘟病抗性鉴定为“感”，耐冷性鉴定为“中等”。

产量及适宜地区：2009年贵州省区域试验平均产量9 387.5kg/hm^2，比对照金优207增产15.7%；2010年续试平均产量8 859.6kg/hm^2，比对照黔旱优2017增产7.3%；两年平均产量9 123.6kg/hm^2，比对照增产11.5%，15个试点13增1减1平，增产点（次）为86.7%。2010年贵州省生产试验平均产量8 745.6kg/hm^2，比对照增产16.9%，4个试点全部增产。适宜贵州省中籼早熟稻区种植，稻瘟病常发区慎用。

栽培技术要点：清明节前后播种，播种前晒种、强氯精浸种、稀播匀播，科学肥水管理，培育多蘖壮秧。育秧方式采用旱育秧或两段育秧，秧龄35～40d为宜。合理密植，宽窄行栽插方式，栽插密度19.5万～22.5万穴/hm^2，随海拔升高或肥力降低适当增加种植密度。科学肥水管理，重底肥早追肥，增施磷、钾肥和有机肥，结合科学管水，够苗晒田，干湿壮籽，做到苗足、苗健、穗大、粒重。基肥施农家肥15 000.0kg/hm^2、尿素105.0kg/hm^2、普通过磷酸钙475.0kg/hm^2、氯化钾105.0kg/hm^2，移栽5～7d后施分蘖肥尿素90.0kg/hm^2，主穗圆秆后10d施穗肥尿素30.0kg/hm^2。苗期、破口期、齐穗期注意防治稻瘟病，分蘖期、孕穗期注意防治稻飞虱、螟虫。

天优华占（Tianyouhuazhan）

品种来源：中国水稻研究所、中国科学院遗传与发育生物学研究所、广东省农业科学院水稻研究所以天丰A/华占配组育成。2012年通过贵州省农作物品种审定委员会审定，审定编号为黔审稻2012009。

形态特征和生物学特性：属籼型三系杂交稻。全生育期156.1d，株高100.3cm，分蘖力强，株型适中，剑叶挺直，叶色淡绿，叶缘、叶鞘均紫色，籽粒长形，颖尖紫色，偶有短芒，后期转色好，着粒密度较大，穗型中等。有效穗数244.5万穗/hm^2，穗长22.5cm，穗粒数153.6粒，结实率82.0%。千粒重25.9g。

品质特性：糙米粒长6.8mm，糙米长宽比3.1，糙米率80.9%，精米率73.6%，整精米率68.3%，垩白粒率18.0%，垩白度2.0%，透明度1.0级，碱消值3.3级，胶稠度50.0mm，直链淀粉含量22.2%。食味鉴评70.9分，达三级优质米标准。

抗性：稻瘟病抗性鉴定为"感"，耐冷性鉴定为"中等"。

产量及适宜地区：2009年区域试验平均产量9 197.0kg/hm^2，比对照Ⅱ优838增产4.5%，增产极显著；2010年续试平均产量8 727.9kg/hm^2，比对照增产9.3%，增产极显著；两年区域试验平均产量8 962.5kg/hm^2，比对照增产6.8%，16个试点14增2减，增产点（次）为87.5%。2011年生产试验平均产量9 975.2kg/hm^2，比对照增产12.7%，4个试点全部增产。适宜贵州省中迟熟杂交籼稻区种植，稻瘟病常发区慎用。

栽培技术要点：清明节前后播种，播种前晒种、强氯精浸种、稀播匀播，科学肥水管理，培育多蘖壮秧。育秧方式采用旱育秧或两段育秧，秧龄不超过45d。合理密植，宽窄行栽插方式，栽插密度18.0万～22.5万穴/hm^2，随海拔升高或肥力降低增加种植密度。科学肥水管理，重底肥早追肥，增施磷、钾肥和有机肥，结合科学管水，够苗晒田，干湿壮籽，做到苗足、苗健、穗大、粒重。基肥施农家肥11 250.0kg/hm^2、尿素105.0kg/hm^2、普通过磷酸钙375.0kg/hm^2、氯化钾105.0kg/hm^2，移栽5d后施分蘖肥尿素45.0kg/hm^2，主穗圆秆后10d施穗肥尿素30.0kg/hm^2。苗期、破口期、齐穗期注意防治稻瘟病，分蘖期、孕穗期注意防治稻飞虱、螟虫。

筒优202（Tongyou 202）

品种来源：贵州省农学院水稻研究所和贵州省种子总站以K17A/贵农筒恢202配组育成。2003年通过贵州省农作物品种审定委员会审定，审定编号为黔审稻2003015。

形态特征和生物学特性：属迟熟籼型三系杂交稻。受光性强。全生育期151.8d，株高105.3cm，分蘖力强，株型好，通风透光性好，茎秆粗壮，叶片直立、半卷，叶色较浓绿，穗层整齐，适应性好，成穗率高。有效穗数258.0万穗/hm²，穗粒数115.7粒，结实率70.2%。千粒重28.2g。

品质特性：糙米粒长6.7mm，糙米长宽比2.9，糙米率77.2%，整精米率60.4%，垩白粒率24.0%，垩白度2.4%，胶稠度50.0mm，直链淀粉含量20.9%。

抗性：抗倒伏，2001年稻瘟病自然鉴定叶瘟表现为“高抗”、穗颈瘟表现为“感”；2002年人工接种鉴定稻瘟病穗瘟的抗性为“中抗”。

产量及适宜地区：2001—2002年贵州省区域试验平均产量7 755.0kg/hm²，比对照汕优63增产10.0%。2002年贵州省生产试验平均产量6 837.0kg/hm²，比对照增产8.5%。适宜贵州省中迟熟稻区种植。

栽培技术要点：适时早播，4月上旬左右播种。培育壮秧，冬闲田和绿肥田采用旱育秧或温室两段育秧。稻麦、稻油两熟制地区适用两段育秧，小苗寄栽要稀（6.6cm×6.6cm）要浅，栽插前淹水数天扯秧。合理密植，栽秧要求浅、直、匀、稳，密度以22.5万～27.0万穴/hm²为宜，行穴距可采用26.6cm×15.0cm、26.6cm×16.7cm或16.7cm×（16.7+26.6）cm、16.7cm×（16.7+30.0）cm，每穴2苗。底肥重施有机肥，氮、磷、钾肥配合施用，早施追肥。栽后7～10d施尿素150.0kg/hm²促进分蘖，确保栽后1月内，分蘖达300.0万/hm²。看苗诊断栽培，特别是孕穗后视秧苗长势酌情追施穗肥，中耕除草。

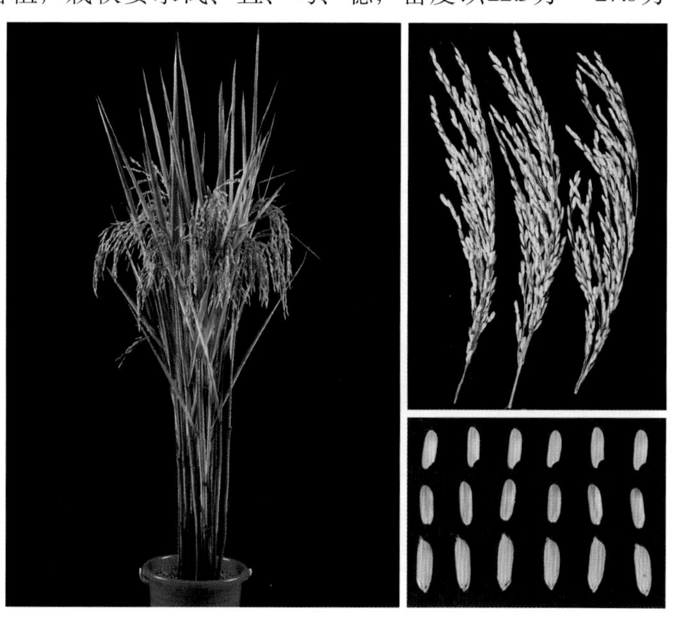

威优431（Weiyou 431）

品种来源：贵州省农业科学院水稻研究所以威20A/Q431配组育成。2000年通过贵州省农作物品种审定委员会审定，审定编号为黔品审第227号。

形态特征和生物学特性：属籼型三系杂交稻。全生育期146.0d，株高94.0cm，分蘖力强，株型较好，后期熟色好。有效穗数273.0万穗/hm^2，穗长24.3cm，穗粒数133.0粒，结实率84.7%。千粒重28.8g。

品质特性：糙米粒长6.8mm，糙米长宽比2.6，糙米率82.5%，精米率72.0%，整精米率54.0%，垩白粒率45.7%，垩白度5.0%，透明度2.0级，碱消值5.0级，胶稠度63.0mm，直链淀粉含量19.2%，糙米蛋白质含量9.7%。

抗性：中抗苗期和穗期稻瘟病，苗期耐冷性中等，孕穗期耐冷性较强。

产量及适宜地区：1997—1998年贵州省区域试验平均产量8 487.0kg/hm^2，比对照汕优64增产10.2%；1998年在3个不同的试点进行生产试验，平均产量8 433.0kg/hm^2，比对照（汕优晚3、D优439和V优77的平均值）增产3.0%。最大年（2004）推广面积2.3万hm^2，2001—2010年累计推广面积15.7万hm^2。可在贵州省海拔1 000 ～ 1 300m水稻适宜地区种植，以中部地区为主。

栽培技术要点：适时播种，采用旱育秧和两段育秧培育壮秧。合理密植，栽插密度22.5万～ 30.0万穴/hm^2，每穴2苗。平衡施肥，施足基肥，适时适量施用穗肥。及时防治病虫害。

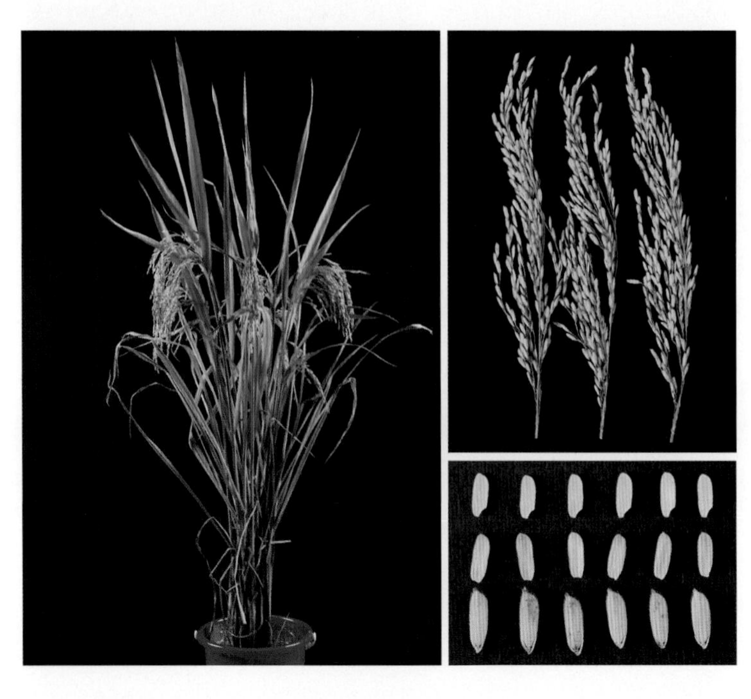

威优467（Weiyou 467）

品种来源：贵州省农业科学院水稻研究所以威20A/R467配组育成。1998年通过贵州省农作物品种审定委员会审定，审定编号为黔品审第168号。

形态特征和生物学特性：属中早熟籼型三系杂交稻。全生育期150.0d，株高91.0cm，分蘖力强，株型适中，青秆黄熟，茎秆硬，叶片挺直，剑叶中等，叶色青秀，根系发达，籽粒饱满。有效穗数289.5万穗/hm^2，穗长24.7cm，穗粒数128.0粒，结实率85.1%。千粒重28.5g。

品质特性：糙米粒长6.9mm，糙米长宽比3.0，糙米率79.8%，精米率64.0%，整精米率53.0%，垩白粒率41.4%，垩白度6.0%，透明度2.0级，碱消值6.0级，胶稠度51.0mm，直链淀粉含量20.6%，糙米蛋白质含量9.5%。

抗性：中感苗期和穗期稻瘟病，苗期耐冷性中等，孕穗期耐冷性较强。

产量及适宜地区：1994年和1995年贵州省区域试验平均产量8 640.0kg/hm^2，比对照威优64增产10.2%左右；生产试验平均产量8 334.0kg/hm^2，比对照威优64增产7.2%。最大年（2001）推广面积3万hm^2，1999—2007年累计推广面积19万hm^2。可在贵州省海拔1 000m左右的水稻适宜地区种植。

栽培技术要点：栽培技术与汕优64基本相同，为更好地发挥产量优势，栽培上应注意：采用两段育秧或旱育稀植，培育多蘖壮秧，适时早播早栽。施足底肥，配方施肥，巧施穗肥。合理密植，栽插密度30.0万穴/hm^{2}左右，每穴1～3苗，宽窄行、拉绳插秧。插秧后27d左右，排水晒田，苗够复水。

威优481（Weiyou 481）

品种来源：贵州省农业科学院水稻研究所以威20A/黔恢481配组育成。1992年通过贵州省农作物品种审定委员会审定，审定编号为黔品审第98号。

形态特征和生物学特性：属籼型三系杂交稻。全生育期155.0d，株高88.0cm，株型紧凑，根系发达，秆硬，叶片硬厚浓绿、中宽、挺直，剑叶上举，穗大粒多，不易自然落粒。有效穗数274.5万穗/hm^2，穗长23.1cm，穗粒数144.1粒，结实率78.7%。千粒重27.1g。

品质特性：糙米粒长6.9mm，糙米长宽比2.7，糙米率77.1%，精米率66.3%，整精米率55.0%，垩白粒率41.0%，垩白度7.0%，透明度2.0级，碱消值6.0级，胶稠度62.0mm，直链淀粉含量22.1%，糙米蛋白质含量7.3%。

抗性：抗苗期稻瘟病，中抗穗期稻瘟病，抗白叶枯病，耐肥抗倒，苗期耐冷性中等，孕穗期耐冷性强。

产量及适宜地区：1988年贵州省区域试验平均产量8 416.5kg/hm^2，比对照V64增产8.8%；1989年续试平均产量7 897.5kg/hm^2，比V64增产13.4%；两年产量均居首位。1989—1990年参加生产试验平均产量8 820.0kg/hm^2，比V64增产17.9%。最大年（1997）推广面积5.7万hm^2，1992—2001年累计推广面积38.7万hm^2。适宜贵州省作一季中稻及单季晚稻种植，尤以中、高海拔地区种植为佳。

栽培技术要点：采用两段育秧或小苗直插，适时早播早插，一般在清明前后播种。培育多蘖壮秧，采用宽窄行方式，栽插规格（26.7+13.3）cm×16.7cm，栽插密度30万穴/hm^2。前期因地制宜实施配方施肥，中期注意防治纹枯病，后期迟断水，完熟收割。

香两优875（Xiangliangyou 875）

品种来源：贵州省水稻研究所（贵州省农业科学院水稻研究所）以360S/黔香恢875配组育成。2008年通过贵州省农作物品种审定委员会审定，审定编号为黔审稻2008010。

形态特征和生物学特性：属早熟籼型三系杂交稻。全生育期152.2d，株高92.5cm，分蘖力较强，籽粒长形，颖尖无色，无芒。有效穗数322.5万穗/hm^2，穗粒数110.1粒，结实率73.6%。千粒重26.5g。

品质特性：糙米粒长7.3mm，糙米长宽比3.2，糙米率76.1%，精米率66.5%，整精米率54.8%，垩白粒率29.0%，垩白度3.2%，透明度1.0级，碱消值6.0级，胶稠度80.0mm，直链淀粉含量17.7%，达国标三级优质米标准。

抗性：中抗苗期稻瘟病，感穗期稻瘟病，中抗白叶枯病，中感褐飞虱和白背飞虱，苗期耐冷性中等，孕穗期耐冷性较强，耐旱能力中等。

产量及适宜地区：2004年和2006年贵州省区域试验两年平均产量8 647.5kg/hm^2，比综合对照增产0.2%。2006年生产试验平均产量8 346.0kg/hm^2，比对照减产3.8%；2007年生产试验，平均产量8 346.2kg/hm^2。适宜贵州省早熟籼稻区作优质稻种植，稻瘟病常发区慎用。

栽培技术要点：采取两段育秧或1次小苗(秧龄不超过30d)浅水栽培，一般每穴2苗，栽插密度15.0万～22.5万穴/hm^2，根据田块的肥力状况，可采用33.3cm×16.7cm、33.3cm×20.0cm或33.3cm×23.3cm的密度栽插。一般基肥施农家肥15 000.0kg/hm^2和过磷酸钙750.0kg/hm^2左右，追肥尿素225.0kg/hm^2左右。中耕2次，并根据不同生育时期，及时进行稻田的水层管理。秋后成熟及时收割，防止倒伏和过熟。及时防治稻瘟病和其他病虫害。

香早优2017（Xiangzaoyou 2017）

品种来源：贵州省黔南州农业科学研究所以内香3A/QN2017配组育成。2006年通过贵州省农作物品种审定委员会审定，审定编号为黔审稻2006001。

形态特征和生物学特性：属中早熟籼型三系杂交稻。全生育期151.7d，株高93.0cm，分蘖力强，株型适中，茎秆较硬，生长旺盛，籽粒长形，多穗型。有效穗数365.0万穗/hm^2，穗粒数106.5粒，结实率75.0%。千粒重31.2g。

品质特性：糙米长宽比2.9，整精米率56.4%，垩白粒率28.0%，垩白度3.1%，胶稠度63.0mm，直链淀粉含量17.5%，达国标三级优质米标准。

抗性：感苗期和穗期稻瘟病，耐瘠性强，抗倒伏，耐冷性鉴定表现为“较强”。

产量及适宜地区：2004年贵州省区域试验平均产量9 096.0kg/hm^2，比对照金优77增产8.9%，达极显著水平；2005年续试平均产量9 820.5kg/hm^2，比对照金优207增产5.4%，达极显著水平；两年平均产量9 457.5kg/hm^2，比对照增产7.1%，16个试点15增1减，增产点（次）为93.8%。2005年生产试验平均产量8 134.5kg/hm^2，比对照金优207增产7.3%，3个试点全部增产。适宜贵州省中早熟籼稻区种植，稻瘟病常发区慎用。适宜贵州海拔1 100 ～ 1 400m中早熟籼稻区种植。

栽培技术要点：采取两段育秧或旱育秧，培育嫩壮秧，苗期适当炼苗，秧龄在30 ～ 35d，早插浅插，以利早生快发，密度控制在22.5万穴/hm^{2}左右。追肥要早，后期可增施穗肥，注意施足基肥，追肥以氮肥为主，磷、钾肥配合施用。注意防治稻瘟病和其他病虫害。

湘菲优785（Xiangfeiyou 785）

品种来源：贵州省水稻工程技术研究中心、贵州金农科技有限责任公司、贵州省水稻研究所（贵州省农业科学院水稻研究所）以湘菲A/黔恢785配组育成。2012年通过贵州省农作物品种审定委员会审定，审定编号为黔审稻2012001。

形态特征和生物学特性：属迟熟籼型三系杂交稻。全生育期158.6d，株高118.8cm，分蘖力较强，株型适中，剑叶挺立，籽粒长形，颖尖无色，无芒，后期转色较好。有效穗数205.5万穗/hm^2，穗长25.8cm，穗粒数157.1粒，结实率80.1%。千粒重28.5g。

品质特性：糙米长宽比3.1，精米率68.2%，整精米率51.5%，垩白粒率46.0%，垩白度3.2%，透明度1.0级，碱消值4.0级，胶稠度40.0mm，直链淀粉含量24.8%。食味鉴评71.0分。

抗性：稻瘟病抗性鉴定综合评价为“感”，耐冷性鉴定结果2009年为“强”、2010年为“较强”。

产量及适宜地区：2009年贵州省区域试验平均产量9 025.4kg/hm^2，比对照Ⅱ优838增产3.7%，达极显著水平；2010年续试平均产量8 664.8kg/hm^2，比对照增产6.9%，达极显著水平；两年平均产量8 845.1kg/hm^2，比对照增产5.2%，16个试点13增3减，增产点（次）为81.3%。2011年生产试验平均产量9 872.0kg/hm^2，比对照增产6.5%，4个试点全部增产。适宜贵州省迟熟杂交籼稻区种植，稻瘟病常发区慎用。

栽培技术要点：清明节前后播种，播种前晒种、强氯精浸种、稀播匀播，科学肥水管理，培育多蘖壮秧。育秧方式采用旱育秧或两段育秧，秧龄不超过45d。合理密植，宽窄行栽插方式，栽插密度18.0万～22.5万穴/hm^2，随海拔升高或肥力降低增加种植密度。科学肥水管理，重底肥早追肥，增施磷、钾肥和有机肥，结合科学管水，够苗晒田，干湿壮籽，做到苗足、苗健、穗大、粒重。基肥施农家肥15 000.0kg/hm^2、尿素105.0kg/hm^2、普通过磷酸钙375.0kg/hm^2、氯化钾105.0kg/hm^2，移栽5d后施分蘖肥尿素90.0kg/hm^2，主穗圆秆后10d施穗肥尿素30.0kg/hm^2。苗期、破口期、齐穗期注意防治稻瘟病，分蘖期、孕穗期注意防治稻飞虱、螟虫。加强稻瘟病和其他病虫害防治。

协优385（Xieyou 385）

品种来源：贵州省水稻研究所（贵州省农业科学院水稻研究所）以协青早A/黔恢1385配组育成。2011年通过贵州省农作物品种审定委员会审定，审定编号为黔审稻2011001。

形态特征和生物学特性：属迟熟籼型三系杂交稻。全生育期162.2d，株高120.5cm，分蘖力中等，株型好，茎秆较粗壮，叶色淡绿，剑叶挺直，叶缘、叶鞘均紫色，籽粒长形，颖尖紫色，有芒，后期转色好，大穗型。有效穗数220.5万穗/hm^2，穗粒数143.2粒，结实率79.4%。千粒重31.6g。

品质特性：糙米粒长7.5mm，糙米长宽比3.1，糙米率82.3%，精米率68.5%，整精米率48.3%，垩白粒率64%，垩白度6.4%，透明度1.0级，碱消值4.0级，胶稠度50.0mm，直链淀粉含量23.2%。食味鉴评72分，优于对照Ⅱ优838（60分）。

抗性：稻瘟病抗性鉴定为“感”，耐冷性鉴定为“中等”。

产量及适宜地区：2009年贵州省区域试验平均产量9 604.4kg/hm^2，比对照增产10.3%；2010年续试平均产量8 973.6kg/hm^2，比对照增产10.0%；两年平均产量9 289.1kg/hm^2，比对照增产10.2%，16个试点全部增产。2010年贵州省生产试验平均产量9 054.2kg/hm^2，比对照增产6.5%，6个试点全部增产。适宜贵州省中籼中迟熟稻区种植，稻瘟病常发区慎用。

栽培技术要点：清明节前后播种，播种前晒种、强氯精浸种、稀播匀播，科学肥水管理，培育多蘖壮秧。育秧方式采用旱育秧或两段育秧，秧龄不超过45d。合理密植，宽窄行栽插方式，栽插密度18.0万～22.5万穴/hm^2，随海拔升高或肥力降低增加种植密度。科学肥水管理，重底早追，增施磷、钾肥和有机肥，结合科学管水，够苗晒田，干湿壮籽，做到苗足、苗健、穗大、粒重。基肥施农家肥15 000.0kg/hm^2、尿素105.0kg/hm^2、普通过磷酸钙375.0kg/hm^2、氯化钾105.0kg/hm^2，移栽5d后施分蘖肥尿素90.0kg/hm^2，主穗圆秆后10d施穗肥尿素30.0kg/hm^2。苗期、破口期、齐穗期注意防治稻瘟病，分蘖期、孕穗期注意防治稻飞虱、螟虫。加强稻瘟病和其他病虫害的防治。

宜香101（Yixiang 101）

品种来源：四川省自贡市农业科学研究所、宜宾市农业科学研究所以宜香1A/GR101配组育成。2012年通过贵州省农作物品种审定委员会审定，审定编号为黔审稻2012004。

形态特征和生物学特性：属籼型三系杂交稻。全生育期157.2d，株高109.1cm，分蘖力强，株型适中，剑叶挺直，籽粒长形，颖尖无色，无芒，后期转色好。有效穗数228.0万穗/hm^2，穗长25.8cm，穗粒数180.5粒，结实率79.2%。千粒重31.0g。

品质特性：糙米长宽比3.1，精米率68.1%，整精米率65.2%，垩白粒率30.0%，垩白度2.7%，透明度1.0级，胶稠度85.0mm，直链淀粉含量15.7%，达国标三级优质米标准。食味鉴评80.2分。

抗性：稻瘟病抗性鉴定综合评价为“感”，耐冷性鉴定结果2009年为“较强”、2010年为“中等”。

产量及适宜地区：2009年贵州省区域试验平均产量9 112.8kg/hm^2，比对照Ⅱ优838增产3.7%，达极显著水平；2010年续试平均产量8 623.7kg/hm^2，比对照增产5.8%，达极显著水平；两年平均产量8 868.2kg/hm^2，比对照增产4.7%，16个试点14增2减，增产点（次）为87.5%。2011年生产试验平均产量9 512.4kg/hm^2，比对照增产7.0%，4个试点全部增产。适宜贵州省中迟熟杂交籼稻地区种植，稻瘟病常发区慎用。

栽培技术要点：清明节前后播种，播种前晒种、强氯精浸种、稀植匀播，培育壮秧，秧龄30 ～ 45d。栽插密度以18.0万～ 22.5万穴/hm^2为宜，每穴2苗。本田采用氮、磷、钾、锌肥配合施用，氮、磷、钾比例为2 ：1 ：1.5，施纯氮120 ～ 150kg/hm^2，重底肥早追肥加穗肥。科学管水，前期浅水灌溉为主，中期够穗苗晒田，后期薄水或湿润灌溉至成熟。综合防治为主，重点防治稻螟虫、稻蓟马、稻飞虱和稻瘟病、纹枯病。

宜香2866（Yixiang 2866）

品种来源：贵州友禾种业有限公司以宜香1A/禾恢2866配组育成。2013年通过贵州省农作物品种审定委员会审定，审定编号为黔审稻2013001。

形态特征和生物学特性：属迟熟籼型三系杂交稻。全生育期160.6d，与Ⅱ优838相当。株高111.9cm，分蘖力较强，株型适中，剑叶直立，叶色深绿，叶鞘、叶耳无色，籽粒长形，颖尖无色，无芒。有效穗数216万穗/hm^2，穗长26.3cm，穗粒数188.9粒，结实率79.0%。千粒重29.4g。

品质特性：精米长宽比2.9，糙米率80.6%，精米率72.3%，整精米率57.8%，垩白粒率48%，垩白度6.2%，直链淀粉含量26.7%，胶稠度50.0mm，透明度1.0级，碱消值6.8级。食味鉴评73.6分。

抗性：稻瘟病抗性鉴定综合评价为“感”，耐冷性鉴定2010年评价为“较弱”、2011年为“较强”。

产量及适宜地区：2010年贵州省区域试验平均产量8 871.0kg/hm^2，比对照Ⅱ优838增产5.6%；2011年续试平均产量9 426.0kg/hm^2，比对照增产5.9%；两年平均产量9 148.5kg/hm^2，比对照增产5.7%，16个试点15增1减，增产点（次）为93.8%。2012年生产试验平均产量8 026.5kg/hm^2，比对照增产5.3%，5个试点4增1减，增产点（次）为80.0%。适宜贵州省迟熟杂交籼稻区种植，稻瘟病常发区慎用。

栽培技术要点：适时早播，秧龄35d左右。插足基本苗，栽插密度18万穴/hm^2，基本苗150万/hm^2左右。重施底肥，基肥施农家肥12 000.0kg/hm^2、磷肥375.0kg/hm^2、复合肥750.0kg/hm^2，及时追施分蘖肥、孕穗肥；适当偏施钾肥，切不可偏重施用氮肥。科学管水，前期浅水管理，灌浆期干湿交替，后期忌断水过早，湿润管理到成熟。病虫防治方面，播前咪鲜胺浸种，始穗期和齐穗期注意防治稻瘟病以及其他病虫害。

益农1号（Yinong 1）

品种来源：贵州省遵义市农业科学研究所以K17A/R866配组育成。2004年通过贵州省农作物品种审定委员会审定，审定编号为黔审稻2004004；2006年通过全国农作物品种审定委员会审定，审定编号为国审稻2006018。

形态特征和生物学特性：属迟熟籼型三系杂交稻。全生育期151.1d，株高111.4cm，分蘖力较强，株型紧凑，剑叶直立，叶色淡绿，叶鞘浅紫色，颖尖紫色，着粒密度中等，米质中等。有效穗数276.0万穗/hm²，穗长25.2cm，穗粒数160.3粒，结实率80.7%。千粒重27.1g。

品质特性：糙米粒长6.6mm，糙米长宽比2.6，糙米率82.8%，精米率69.9%，整精米率50.7%，垩白粒率47.0%，垩白度4.8%，透明度2.0级，碱消值6.0级，胶稠度80.0mm，直链淀粉含量22.0%。

抗性：穗瘟病加权平均级6.6级，穗瘟损失率最高级9级，抗性频率25.0%。苗期和孕穗期耐冷性强。

产量及适宜地区：2002—2003年贵州省杂交水稻迟熟组区域试验，平均产量8 725.4kg/hm²。2004—2005年全国南方区域试验长江上游中籼迟熟组，平均产量9 116.1kg/hm²。2004—2007年连续四年超高产栽培产量都超12 000.0kg/hm²。最大年（2007）推广面积3万hm²，2005—2010年累计推广面积16万hm²。适宜南方稻区长江上游四川、重庆、贵州、云南、陕西汉中中籼一季稻种植，稻瘟病重发区慎用。

栽培技术要点：适期早播，以避免“秋风”危害，秧龄40 ~ 45d。秧苗期适当增加施肥次数，促进秧苗分蘖。宽窄行或宽行窄株栽插方式，栽插密度8.0万 ~ 24.0万穴/hm²，基本苗在80万 ~ 120万苗/hm²，移栽时寸水浅插，达到直、匀、稳的要求。科学施肥，注意氮、磷、钾各元素间的平衡，施全肥、重底肥。浅水栽秧，栽秧后保持水层3 ~ 4cm护苗、活棵。分蘖至灌浆期保持浅水灌溉，蜡熟期实行干湿交替灌溉。坚持“预防为主、综合防治”方针，加强病虫测报，适时施药防治稻瘟病、纹枯病、稻曲病、稻秆蝇、稻飞虱、稻纵卷叶螟等病虫害。稻瘟病常发和高发地区，宜加强对稻瘟病的防治。

永优21（Yongyou 21）

品种来源：重庆吨粮农业发展有限公司以永A/DLR1配组育成。2009年通过贵州省农作物品种审定委员会审定，审定编号为黔审稻2009004。

形态特征和生物学特性：属籼型三系杂交稻。全生育期156.3d，株高103.7cm，分蘖力中等，株型适中，茎秆粗壮，剑叶中长直立，叶色绿，叶鞘紫色，叶耳、叶枕紫色，籽粒长形，颖尖紫色，无芒，大穗型。有效穗数238.5万穗/hm^2，穗粒数140.5粒，结实率81.1%。千粒重29.8g。

品质特性：糙米粒长7.3mm，糙米长宽比3.1，糙米率82.0%，精米率74.4%，整精米率69.9%，垩白粒率44.0%，垩白度5.2%，透明度1.0级，碱消值5.2级，胶稠度78.0mm，直链淀粉含量15.0%。

抗性：稻瘟病抗性鉴定为“感”，耐冷性鉴定为“较强”。

产量及适宜地区：2007年和2008年贵州省区域试验两年平均产量9 223.1kg/hm^2，比对照增产6.4%，15个试点10增5减，增产点（次）为66.7%。2008年生产试验平均产量9 756.6kg/hm^2，比对照增产6.7%，6个试点全部增产。适宜贵州省中籼迟熟稻区种植，稻瘟病常发区慎用。

栽培技术要点：一般于4月上旬播种，地膜保湿育秧或旱育秧，稀播匀播，培育多蘖壮秧，大田用种量15.0～18.8kg/hm^2。秧苗4～5叶或秧龄35～40d移栽，栽插密度18.0万～22.5万穴/hm^2，每穴2苗，采用宽行窄株、东西向、定距移栽，最高茎蘖数控制在360万/hm^{2}以内，有效穗数240万～255万/hm^2。采用“前促中控后保”的肥水管理方法，施纯氮120.0～150.0kg/hm^2、五氧化二磷40.0kg/hm^2、氧化钾150.0～225.0kg/hm^2、硫酸锌15.0kg/hm^2，总肥量中提高农家肥用量；磷、锌肥全作底肥，氮肥的60%作底肥，20%作分蘖肥、20%于孕穗期作穗粒肥；钾肥的60%作底肥、40%作拔节肥；提倡施用水稻专用复合肥或复混肥。在水浆管理上，做到前期浅水、中期轻搁、后期干干湿湿。根据当地植保部门预测预报及时防治螟虫、纹枯病、稻瘟病等病虫害。抢晴天适时收获。

珍优2020（Zhenyou 2020）

品种来源：贵州省黔南州农业科学研究所以川150A/黔南恢2020配组育成。2004年通过贵州省农作物品种审定委员会审定，审定编号为黔审稻2004003。

形态特征和生物学特性：属迟熟籼型三系杂交稻。全生育期152.9d，株高108.2cm，分蘖力较强，株型较好，籽粒长形，无芒，成穗率高。有效穗数278.3万穗/hm^2，穗粒数105.6粒，结实率73.7%。千粒重30.8g。

品质特性：糙米长宽比3.1，整精米率61.2%，垩白度6.4%，胶稠度50.0mm，直链淀粉含量22.4%。

抗性：抗苗期和穗期稻瘟病，苗期耐冷性中等，孕穗期耐冷性较强。

产量及适宜地区：2002年贵州省区域试验平均产量7 770.0kg/hm^2，比对照汕优63增产12.3%，8试点7增1减；2003年续试平均产量9 030.0kg/hm^2，比汕优63增产5.5%，8试点6增2减。2003年生产试验，平均产量比对照平均增产6.7%，居迟熟B组第一位。适宜贵州省中迟熟籼稻区种植。

栽培技术要点：适期早播，最好采用温室两优育秧，培育适龄壮秧，直播一般为4月下旬至5月初，稀播匀播，适宜秧龄35 ~ 40d。少本稀植，一般栽插密度18.0万穴/hm^{2}左右，宽窄行栽培16.7cm×33.3cm。在保证施足基肥的基础上，早施、重施追肥，后期看苗酌施穗肥。前期浅水灌溉，及时控制有效分蘖，后期注意避免断水过早，加强病虫害防治。

中9优2号（Zhong 9 you 2）

品种来源：贵州筑农科种业有限公司以中9A/红恢2号配组育成。2012年通过贵州省农作物品种审定委员会审定，审定编号为黔审稻2012005。

形态特征和生物学特性：属籼型三系杂交稻。全生育期155.4d，比Ⅱ优838早1.1d。株高111.3cm，株型适中，分蘖力较强，剑叶挺立，叶色深绿，叶缘、叶鞘均无色，籽粒长形，颖尖无色，无芒，后期转色好。有效穗数219.0万穗/hm^2，穗长26.4cm，穗粒数168.8粒，结实率78.0%。千粒重26.4g。

品质特性：糙米长宽比3.1，精米69.3%，整精米率56.6%，垩白粒率25.0%，垩白度2.0%，透明度1.0级，胶稠度50.0mm，直链淀粉含量21.2%，达国标三级优质米标准。食味鉴评77.0分。

抗性：稻瘟病抗性鉴定综合评价为“感”，耐冷性鉴定结果为“较强”。

产量及适宜地区：2009年贵州省区域试验平均产量9 088.5kg/hm^2，比对照Ⅱ优838增产3.2%，达极显著水平；2010年续试平均产量8 539.4kg/hm^2，比对照增产4.7%，达极显著水平；两年平均产量8 814.0kg/hm^2，比对照增产4.0%；16个试点14增2减，增产点（次）为87.8%。2011年生产试验平均产量9 446.7kg/hm^2，比对照增产6.3%，4个试点全部增产。适宜贵州省中迟熟杂交籼稻地区种植，稻瘟病常发区慎用。

栽培技术要点：播种期在贵州省中低海拔地区控制在3月上旬到4月上旬，大田用种量15kg/hm^2，秧龄30～45d，稀植培育壮秧。采用宽窄行移栽，种植密度种植30.0万～37.5万穴/hm^2，每穴2苗，中等肥力田移栽规格13.3cm×20.0cm或13.3cm×23.3cm。肥水管理，施纯氮255.0～300.0kg/hm^2、速效磷135.0～150.0kg/hm^2、速效钾75.0～105.0kg/hm^2；底肥力求施农家肥15 000.0kg/hm^2，在肥料运筹上，采取“前重、中控、后补”的原则，化肥总用量的60.0%～70.0%作底肥，30.0%～40.0%作追肥（栽后8～10d）；力求做到浅水栽秧，栽后复水护苗，中期够穗苗晒田，后期实行干湿交替至成熟。病虫害防治以综合防治为主，秧田期应注意防治螟虫，大田期主要防治螟虫和飞虱，药剂选用低毒低残留农药。

中优169（Zhongyou 169）

品种来源：贵州铜仁鑫天地农业发展有限公司以中九A/铜恢2号配组育成。2007年通过贵州省农作物品种审定委员会审定，审定编号为黔审稻2007001；2010年经云南省农作物品种审定委员会审定，审定编号为滇特（红河）审稻2010001和滇特（文山）审稻2010035。

形态特征和生物学特性：属迟熟籼型三系杂交稻。全生育期153.0d，株高119. 0cm，分蘖力较强，株型较高大，剑叶宽长而直立，后期熟色好，结实率高，大穗型。有效穗数243.0万穗/hm^2，穗长25.1cm，穗粒数138.0粒，结实率78.5%。千粒重29.2g。

品质特性：糙米长宽比3.1，糙米率79.6%，精米率70.1%，整精米率54.0%，垩白粒率15.0%，垩白度1.1%，透明度1.0级，碱消值5.0级，胶稠度64.0mm，直链淀粉含量19.4%，达国标二级优质米标准。

抗性：感苗期和穗期稻瘟病，孕穗期耐冷性较强。

产量及适宜地区：贵州省区域试验两年平均产量9 670.5kg/hm^2，比对照增产6.2%。最大年（2010）推广面积2万hm^2，2007—2012年累计推广面积8万hm^2。适宜贵州省中迟熟籼稻区种植。

栽培技术要点：一般用强氯精或浸种灵消毒，对种子带菌的恶苗病等效果非常理想。选择两段育秧或旱育秧方式育秧，培育多蘖壮秧；秧龄期不能超过40d，行穴距按28.0cm×20.0cm，保证基本苗105万 ~ 120万/hm^2。做到底肥足，追肥及时，后期原则不施肥。管水实行“深水返青、浅水分蘖、后期干湿交替”的原则。

中优608（Zhongyou 608）

品种来源：贵州友禾种业有限责任公司以中9A/凯恢608配组育成。2008年通过贵州省农作物品种审定委员会审定，审定编号为黔审稻2008001。

形态特征和生物学特性：属晚熟籼型三系杂交稻。全生育期153.5d，株高116.4cm，高产稳产，穗大粒多，结实率高。有效穗数240.0万穗/hm^2，穗长26.2cm，穗粒数184.1粒，结实率85.0%。千粒重28.4g。

品质特性：糙米粒长7.1mm，糙米长宽比3.1，糙米率76.0%，精米率64.7%，整精米率54.5%，垩白粒率41.0%，垩白度3.7%，透明度1.0级，碱消值5.0级，胶稠度32.0mm，直链淀粉含量25.0%。

抗性：抗稻瘟病5 ～ 6级，苗期和孕穗期耐冷性强。

产量及适宜地区：2006—2007年贵州省杂交水稻区域试验，平均产量9 579.6kg/hm^2，比对照增产10.1%；2008—2010年在贵州省黔东南、铜仁、黔南、遵义、兴义等地区大面积示范推广，平均产量9 804.0kg/hm^2，最高产量达13 603.5kg/hm^2，比当地对照品种增产10.7%。2009年在云南永胜进行高产栽培，平均产量17 610.0kg/hm^2。最大年（2011）推广面积3万hm^2，2009—2012年累计推广面积6.1万hm^2。适宜贵州中低海拔地区种植。

栽培技术要点：适时播种，在黔东南地区作一季中稻栽培，3月下旬至4月上旬播种。采用两段育秧，旱育稀植培育壮秧，两段育秧秧龄40d左右。栽插规格为6.7cm×6.7cm或6.7cm×5.0cm。旱育秧中苗4.5 ～ 6.5叶、大苗7.0 ～ 7.5叶、秧龄35 ～ 45d移栽。在基肥施用上应根据不同田块肥力进行施肥。基施牛厩肥11 250.0 ～ 30 000.0kg/hm^2、过磷酸钙375.0 ～ 600.0kg/hm^2、氯化钾225.0kg/hm^2，施耙面肥尿素150.0kg/hm^2左右。坚持以“预防为主，综合防治”的方针，在分蘖前期可用杀虫双、吡虫啉等混合防治稻飞虱、稻纵卷叶螟；在分蘖中后期用井冈霉素、多菌灵防治纹枯病；在孕穗至始穗期用克瘟散或三环唑加多菌灵防治穗颈瘟，用井冈霉素或曲纹灵防治稻曲病。待90%谷粒变黄，主穗全部变黄，分蘖穗上部变黄时抢晴天收割。

中优T16（Zhongyou T16）

品种来源：贵州省铜仁地区农业科学研究所以中9A/TR16配组育成。2009年通过贵州省农作物品种审定委员会审定，审定编号为黔审稻2009003。

形态特征和生物学特性：属迟熟籼型三系杂交稻。全生育期156.8d，株高113.5cm，分蘖力较强，生长旺盛，株型较松散，茎秆坚韧，叶色淡绿，籽粒长形，颖尖无色，无芒，着粒密度较大，穗型中等。有效穗数243.0万穗/hm^2，穗长26.1cm，穗粒数180.6粒，结实率78.6%。千粒重29.2g。

品质特性：糙米粒长7.4mm，糙米长宽比3.0，糙米率82.2%，精米率73.6%，整精米率65.1%，垩白粒率36.0%，垩白度3.4%，透明度1.0级，碱消值5.7级，胶稠度56.0mm，直链淀粉含量22.8%。

抗性：高抗苗期稻瘟病，中抗穗期稻瘟病，中抗白叶枯病，中感褐飞虱和白背飞虱，苗期耐冷性中等，孕穗期耐冷性较强，耐旱和耐盐能力中等。

产量及适宜地区：2007—2008年贵州省区域试验，两年平均产量9 572.6kg/hm^2；2008年多点生产试验，平均产量9 316.1kg/hm^2。最大年（2011）推广面积2万hm^2，2010—2011年累计推广面积3万hm^2。适宜贵州省中籼迟熟稻区种植，稻瘟病常发区慎用。

栽培技术要点：适时早播，一般4月上、中旬播种。培育适龄壮秧，旱育秧或两段育秧秧龄期不超过35d。合适的栽培密度，一般18.0万～21.0万穴/hm^2，宽窄行栽插。施足底肥，增施有机肥，强调氮、磷、钾肥配合施用，适时早施分蘖肥，看苗施穗粒肥。在达到分蘖盛期时，有条件的情况下适时晒田。病虫害综合防治。播种时进行种子处理，注意防治稻瘟病，方法与一般杂交稻相同。

中浙优1号（Zhongzheyou 1）

品种来源：贵州油研种业有限公司引进，中国水稻研究所和浙江勿忘农种业股份有限公司以中浙A/航恢570配组育成。2011年通过贵州省农作物品种审定委员会审定，审定编号为黔审稻2011005。

形态特征和生物学特性：属迟熟籼型三系杂交稻。全生育期163.0d左右，株高105.0cm，分蘖力强，长势旺，株型挺拔，青秆黄熟，剑叶挺直，成穗率、结实率高，品质优。有效穗数232.5万穗/hm^2，穗长25.0cm，穗粒数179.2粒，结实率78.8%。千粒重27.2g。

品质特性：糙米长宽比3.0，精米率69.7%，整精米率54.0%，垩白粒率15.0%，垩白度0.9%，透明度1.0级，胶稠度80.0mm，直链淀粉含量16.0%，达国标二级优质米标准。食味鉴评77.3分，优于对照Ⅱ优838（60分）。

抗性：稻瘟病抗性鉴定为“感”，耐冷性鉴定结果为“弱”。

产量及适宜地区：2009年贵州省区域试验平均产量9 265.1kg/hm^2，比对照增产5.5%；2010年续试平均产量8 219.1kg/hm^2，比对照增产2.9%；两年区域试验平均产量8 742.2kg/hm^2，比对照增产4.3%，16个试点14增2减，增产点（次）为87.5%。2010年贵州省生产试验平均产量8 844.6kg/hm^2，比对照增产4.0%，6个试点5增1减，增产点（次）为83.3%。适宜贵州省中籼迟熟稻区种植，稻瘟病和秋风常发区慎用。

栽培技术要点：适时播种，适龄移栽。在贵州省作单季种植一般4月中下旬播种，特殊生态区域播种可根据当地实际情况相应提前，避免寒潮影响结实。秧田用种量112.5 ~ 150.0kg/hm^2，秧龄控制在25 ~ 30d。合理密植，合理用肥，栽插密度18.0万~ 22.5万穴/hm^2，行穴距为30.0cm × 16.7cm或26.6cm ×（16.7 ~ 20.0）cm，最高茎蘖数达到375万~ 420万/hm^2时搁田，搁田要搁到田四周有裂缝，以利成大穗，提高成穗率。施足基肥，早施追肥，避免追肥过迟过多而造成倒伏，同时，应配合增施磷钾肥和有机肥，以利健根壮秆，青秆黄熟，粒粒饱满。根据各地病虫预测预报，及时防治螟虫和卷叶虫，在高温高湿的气候条件下，注意防治稻瘟病和纹枯病。

筑优985（Zhuyou 985）

品种来源：贵州日月丰农业科技有限公司、遵义农资（集团）农之本种业有限责任公司以筑丰A/贵恢985配组育成。2013年通过贵州省农作物品种审定委员会审定，审定编号为黔审稻2013007。

形态特征和生物学特性：属迟熟籼型三系杂交稻。全生育期160.8d，株高114.3cm，分蘖力较强，株型松散适中，茎秆较粗壮，剑叶挺直，叶色浓绿，叶缘、叶鞘均紫色，籽粒长形，颖尖紫色，偶有短芒，后期转色好。有效穗数238.5万穗/hm^2，穗长26.3cm，穗粒数181.8粒，结实率74.8%。千粒重30.5g。

品质特性：糙米长宽比2.5，糙米率78.4%，整精米率37.3%，垩白粒率91.0%，垩白度13.2%，胶稠度71.0mm，直链淀粉含量18.0%。食味鉴评76.8分。

抗性：稻瘟病抗性鉴定综合评价为“感”；耐冷性鉴定结果2011年为“较弱”，2012年为“弱”。

产量及适宜地区：2011年贵州省区域试验平均产量9 792.0kg/hm^2，比对照（组内平均值）增产5.7%；2012年续试平均产量9 606.0kg/hm^2，比对照Ⅱ优838增产9.9%；两年平均产量9 699.0kg/hm^2，比对照增产7.8%，16个试点全部增产。2012年生产试验平均产量8 479.5kg/hm^2，比对照Ⅱ优838增产8.4%，5个试点全部增产。适宜贵州省迟熟杂交籼稻地区种植，注意防御秋风，稻瘟病常发区慎用。

栽培技术要点：适时早播，秧龄30～40d。插足基本苗，栽插密度18.0万～22.5万穴/hm^2，基本苗120万/hm^{2}左右。重施底肥，基施农家肥12 000.0kg/hm^2、磷肥375.0kg/hm^2、复合肥750.0kg/hm^2，并及时追施分蘖肥以及孕穗肥，适当偏施钾肥，切不可偏重施用氮肥。前期浅水管理，灌浆期干湿交替，后期不要断水过早，湿润管理到成熟。病虫防治方面，播前强氯精浸种，在始穗期和齐穗期注意防治稻瘟病，并及时防治稻飞虱、螟虫等其他病虫害。

遵优3号（Zunyou 3）

品种来源：贵州省遵义市农业科学研究所以T98A/R866配组育成。2005年通过贵州省农作物品种审定委员会审定，审定编号为黔审稻2005008。

形态特征和生物学特性：属迟熟籼型三系杂交稻。全生育期153.1d，株高108.8cm，分蘖力较强，株型紧凑，叶片淡绿，着粒密度中等，米质优。有效穗数265.5万穗/hm^2，穗长25.2cm，穗粒数168.2粒，结实率75.9%。千粒重25.2g。

品质特性：糙米粒长6.7mm，糙米长宽比2.8，糙米率80.9%，精米率68.5%，整精米率52.0%，垩白粒率25.0%，垩白度5.0%，胶稠度75.0mm，直链淀粉含量20.6%。

抗性：感苗期稻瘟病，中感穗期稻瘟病，苗期和孕穗期耐冷性较强。

产量及适宜地区：2003—2004年贵州省区域试验，两年平均产量8 249.0kg/hm^2，比对照减产0.7%；2004年多点生产试验，平均产量7 698.9kg/hm^2，比对照金优63增产3.9%。最大年（2006）推广面积4万hm^2，2005—2010年累计推广面积9万hm^2。适宜贵州省海拔1 300m以下地区种植，稻瘟病重发区慎用。

栽培技术要点：3月下旬至4月中下旬播种，稀播浅植，保证基本苗75万～120万/hm^2，栽插密度18万～24万穴/hm^2，采用宽窄行或宽行窄穴栽培。施足底肥，早施分蘖肥，看苗施穗肥，加强田间管理和稻瘟病的防治及其他病虫害防治，适时收割。

第四节　杂交粳稻

毕粳杂2035（Bigengza 2035）

品种来源：贵州省毕节市农业科学研究所以BJ-1A/ZC2035配组育成。2010年通过贵州省农作物品种审定委员会审定，审定编号为黔审稻2010020。

形态特征和生物学特性：属中熟粳型三系杂交稻。全生育期166.2d，株高87.9cm，分蘖力中等，株型适中，植株整齐，抽穗整齐，叶片宽而厚，剑叶直立，叶色浓绿，颖壳黄色带麻斑，籽粒椭圆形，颖尖紫色。有效穗数327.0万穗/hm^2，穗长18.7cm，穗粒数158.6粒，结实率74.8%。千粒重24.2g。

品质特性：糙米粒长5.2mm，糙米长宽比1.8，糙米率85.0%，精米率77.4%，整精米率76.1%，垩白粒率74.0%，垩白度4.4%，透明度3.0，碱消值6.0，胶稠度85.0mm，直链淀粉含量15.4%。

抗性：中抗苗期稻瘟病，中感穗期稻瘟病，苗期耐冷性中等，孕穗期耐冷性较强。

产量及适宜地区：2007年和2009年贵州省区域试验平均产量7 608.0kg/hm^2，比对照增产10.7%。2009年生产试验平均产量7 197.0kg/hm^2，比对照增产5.4%。适宜贵州省粳稻区种植。

栽培技术要点：在黔西北高海拔地区适宜播期为3月中下旬至4月上旬，在贵州省中部、中南部及黔西南州可于4月上中旬播种。育秧方式以旱育秧或薄膜覆盖湿润育秧，大田用种量22.5～30.0kg/hm^2，种子用强氯精消毒后催芽播种，秧龄45d以内，栽插规格20.0cm×（20.0＋30.0）cm，或23.3cm×13.3cm、20.0cm×16.7cm，基本苗199.5万～300.0万/hm^2。施肥以有机肥为主，重底早追，适氮增磷、钾，注重穗肥。科学管水，做到浅水返青，面水分蘖，苗足晒田，有水抽穗，干湿壮籽，后期不宜断水过早。及时防治钻心虫、卷叶螟、纹枯病及稻瘟病等病虫害。

云光101（Yunguang 101）

品种来源：贵阳市农业试验中心引进，云南省农业科学院粮食作物研究所以N95076S/云粳恢1号配组育成。2011年通过贵州省农作物品种审定委员会审定，审定编号为黔审稻2011010。

形态特征和生物学特性：属迟熟粳型两系杂交稻。全生育期为167.6d，株高97.6cm，分蘖力强，株型好，茎秆较粗壮，穗大粒多。有效穗数303.0万穗/hm^2，穗粒数133.8粒，结实率80.5%。千粒重26.5g。

品质特性：糙米粒长5.5mm，糙米长宽比2.1，糙米率83.4%，精米率71.0%，整精米率65.2%，垩白粒率56.0%，垩白度3.9%，透明度1.0级，碱消值6.0级，胶稠度84.0mm，直链淀粉含量16.3%。

抗性：中抗稻瘟病。

产量及适宜地区：2008年贵州省区域试验平均产量7 737.2kg/hm^2，比对照毕粳37增产4.3%；2009年续试平均产量7 327.5kg/hm^2，比对照毕粳37增产13.4%；两年区域试验平均产量7 533.0kg/hm^2，比对照增产8.6%，12个试点8增4减，增产点（次）为66.7%。2010年贵州省生产试验平均产量6 916.5kg/hm^2，比对照增产12.0%，2个试点全部增产。适宜贵州省中迟熟粳稻区种植。

栽培技术要点：清明节前后播种，播种前晒种、强氯精浸种、稀播匀播，科学肥水管理，培育多蘖壮秧。育秧方式采用旱育秧或两段育秧，秧龄不超过50d。合理密植，宽窄行栽插方式，栽插密度22.5万～30.0万穴/hm^2，随海拔升高或肥力降低增加种植密度。科学肥水管理，重底早追，增施磷、钾肥和有机肥，结合科学管水，够苗晒田，干湿壮籽，做到苗足、苗健、穗大、粒重。施基肥农家肥11 250.0kg/hm^2、尿素120.0kg/hm^2、普通过磷酸钙450.0kg/hm^2、氯化钾105.0kg/hm^2，移栽5d后施分蘖肥尿素45.0kg/hm^2，主穗圆秆后10d施穗肥尿素30.0kg/hm^2。苗期、破口期、齐穗期注意防治稻瘟病，分蘖期、孕穗期注意防治稻飞虱、螟虫。加强稻瘟病和其他病虫害防治。

云光109（Yunguang 109）

品种来源：贵阳市农业试验中心引进，云南省农业科学院粮食作物研究所以N95076S/云粳恢7号配组育成。2011年通过贵州省农作物品种审定委员会审定，审定编号为黔审稻2011011。

形态特征和生物学特性：属迟熟粳型两系杂交稻。全生育期165.4d，株高101.9cm，分蘖力强，株型好，茎秆较粗壮，剑叶直立，叶色浓绿，穗大粒多。有效穗数280.7万穗/hm^2，穗粒数152.0粒，结实率80.3%。千粒重25.2g。

品质特性：糙米粒长5.2mm，糙米长宽比2.9，糙米率82.4%，精米率70.9%，整精米率56.4%，垩白粒率78.0%，垩白度6.2%，透明度2.0级，碱消值6.5级，胶稠度80.0mm，直链淀粉含量13.2%。

抗性：稻瘟病抗性鉴定为“感”。

产量及适宜地区：2009年贵州省区域试验平均产量7 728.0kg/hm^2，比对照毕粳37增产19.6%；2010年续试平均产量7 299.0kg/hm^2，比对照毕粳42增产6.9%；两年平均产量7 513.5kg/hm^2，比对照增产13.0%，11个试点9增2减，增产点（次）为81.8%。2010年生产试验平均产量7 011.0kg/hm^2，比对照增产13.5%，2个试点都增产。适宜贵州省中迟熟粳稻区种植，稻瘟病常发区慎用。

栽培技术要点：清明节前后播种，播种前晒种、强氯精浸种、稀播匀播，科学肥水管理，培育多蘖壮秧。育秧方式采用旱育秧或两段育秧，秧龄不超过50d。合理密植，宽窄行栽插方式，栽插密度22.5万～30.0万穴/hm^2，随海拔升高或肥力降低增加种植密度。科学肥水管理，重底早追，增施磷、钾肥和有机肥，结合科学管水，够苗晒田，干湿壮籽，做到苗足、苗健、穗大、粒重。基肥施农家肥11 250.0kg/hm^2、尿素105.0kg/hm^2、普通过磷酸钙375.0kg/hm^2、氯化钾105.0kg/hm^2，移栽5d后施分蘖肥尿素45.0kg/hm^2，主穗圆秆后10d施穗肥尿素30.0kg/hm^2。苗期、破口期、齐穗期注意防治稻瘟病，分蘖期、孕穗期注意防治稻飞虱、螟虫，加强稻瘟病和其他病虫害防治。

第四章
著名育种专家

李乃霁

(1918—2012)，贵州省兴义市人，副研究员，1946年毕业于贵州大学农学院农艺系。贵州省科技扶贫先进个人，中国农学会授予从事农业科技半个世纪先进个人奖。

从事农业科技工作50年，对水稻育种工作做出了突出贡献。20世纪50年代，在贵州省毕节市大力推广“三粳”水稻（即川大粳、西农175和农育1744三个矮秆粳稻品种），使得全地区粳稻产量由3 750 ~ 4 500kg/hm^{2}提升至6 000 ~ 7 500kg/hm^2，水稻产量得到了大幅度提高，并且在毕节市推广旱壮秧、旱栽秧以及规格化栽秧技术等先进的水稻种植方法。通过辐射变异，先后育成高产、抗病、矮秆、适应性广的毕粳11、毕辐2号等系列水稻品种。育成并在全省推广糯稻品种黔糯203、农虎禾。

获国家三部委一等奖2项和多个省部级育种奖、推广奖。主要研究论文有《黔糯新品种的选育》。

卢培凡

(1923—2013)，贵州省黔西县人，研究员。1948年毕业于浙江大学农学系，先后任贵州省农业改进所技术员，贵州省农业试验场技干、技师，贵州省农业试验站、贵州省农业科学研究所、贵州省农业科学院作物组组长，贵州省农业科学院水稻研究所所长，贵州省农业科学院副院长、院长和名誉院长。曾任贵州省政协常委，贵州省科协常委，贵州省农学会副理事长，贵州省经济社会发展研究中心顾问，《贵州农业科学》主编。

从事科研工作四十多年，主持贵州省水稻耕作制度综合性研究。关于罩穗法促水稻开花原因的探讨，在前人研究基础上有新发展，据此设计出比较先进的杂交去雄简易装置，在育种上有实用价值。对贵州水稻品种资源，通过调查和试验研究，作出了利用上的确切评价。20世纪70年代主持选育的广文5号、广文10号是贵州省首批杂交育成的矮秆品种。1980年初提出贵州省主攻中、低产田土的战略观点，获得各界高度重视。多次参与贵州省种植业区划研究，提出有价值见解，拟制的粮食科技中长期发展规划，受到各界认同，并被贵州省规划部门采纳。

1978年获贵州省科学大会奖励。1980年获贵州省人民政府授予的嘉奖状。发表的研究论文主要有《“罩穗”法促水稻开花的实验及其原因探讨》《水稻密植问题研究》《贵州省水稻品种资源的评论与利用》《水稻株高性状的一种遗传模式》等。

曾文华

（1935— ），江西省丰城人，研究员。1959年毕业于贵州农学院农学系农学专业，曾任贵州省农业科学院水稻研究所所长、科研处处长。

四十年来一直从事稻种资源整理、保存、利用，水稻育种、新品种示范推广及杂交优势利用等研究。利用野败型不育系珍汕97A进行并完成了对鄂中2号及广文5号品种的不育化转育，并筛选到对野败型不育具有恢复力的种质，如毕节麻谷、黔西岩粘，对珍汕97A恢复度达70%。主持选育中籼稻品种黔育404，参加水稻品种广文5号和中籼稻黔育413的选育，参与“中籼良种大面积示范推广”和“南方稻区水稻良种区域试验结实及其应用”项目。

先后获中国农业科学院科技进步一等奖1项、贵州省科技进步三等奖3项、贵州省科学大会奖1项。发表的研究论文主要有《穿梭再生育种法在水稻S系选育中的应用》《“84–15”的无融合生殖检测及其在育种上利用的评价》《湄潭野生稻考察》等。

廖昌礼

(1936—2005)，四川省富顺县人，研究员。1954年毕业于四川宜宾农校，1959年毕业于贵州农学院农学系，曾任贵州省黔南州罗甸县农业科学研究所副所长，贵州省黔南州贵定县农业科学研究所所长，贵州省农业科学院水稻研究所所长，贵州省农业科学院副院长、院长，贵州省科协党组副书记、副主席。先后当选为贵州省第五、第七、第八届人大代表，贵州省人大农村经济委员会委员。先后任中国作物学会理事，贵州省遗传学会副理事长，贵州省农作物品种审定委员会副主任。享受国务院政府特殊津贴。

从事水稻育种和综合农业研究四十余年，主持并出色地完成国家"863"计划、国家重大攻关计划及贵州省农业科技重大攻关项目。主持培育黔花1号、金麻粘、茂优601等优质高产水稻良种10余个，其中金麻粘1986年获农牧渔业部优质农产品奖。

获8项贵州省（部）级科学技术成果奖。主编专著主要有《贵州稻作》，发表的研究论文主要有《贵州高原水稻籼型地方品种的气候生态特性》《水稻的品质性状和优质米的发展策略》《应用聚合模型选育杂交水稻通用恢复系》《解决贵州粮食问题的对策和措施》等。

蒋志谦

(1939—2013)，江苏海门市人，研究员。1964年毕业于复旦大学生物系遗传专业，曾任贵州省农业科学院水稻研究所副所长、所长。1985年起连任两届贵州省政协委员，先后荣获贵州省科技先进工作者、贵州省四化建设标兵、贵州省“五一”奖章、贵州省劳动模范、贵州省农业科学院特殊贡献奖。贵州省首批省管专家，1992年享受国务院特殊津贴。

1971年以后，一直从事水稻育种和遗传研究。“六五”到“八五”期间，承担国家水稻育种攻关课题，同时主持贵州省“六五”到“九五”水稻育种攻关项目。育成两用核不育系1个，研究发现水稻新矮源2个，获得了对抗倒伏和机械收割有利的*Sd-1*基因的复等位基因新矮源。先后育成并推广了黔育272、黔育417、银桂粘等水稻新品种15个，其中通过国家农作物品种审定委员会审定3个。选育的优质香稻黔优448（大粒香），连续5年获得全国优质水稻博览会优质农产品金奖。获得3个国家农作物品种保护授权。

获省（部）级成果奖10项。发表的研究论文主要有《稻辐射突变体农艺性状观察研究》《光壳粳稻与矮秆籼稻杂交亲和性及F_1代杂种优势研究》《美国稻RA73矮生基因等位性测定》《优质水稻新品系大粒香的选育及应用》等。

胡永良

（1942— ），贵州省绥阳县人，研究员。1962年毕业于贵阳农校，曾任贵州省农业科学院水稻研究所党支部副书记、贵州省旱粮研究所党支部书记、贵州省农业科学院老科协副理事长兼秘书长。获贵州省农业科学研究所先进生产者奖、贵州省科协先进个人等荣誉，1997年享受国务院特殊津贴，1998年被评为首批省管专家。

主要从事水稻遗传育种及新品种示范推广工作，参加国家和贵州省“六五”“七五”“八五”“九五”水稻育种攻关及“863”两系不育系联合鉴定，选育水稻新品种秋辐1号、黔育404，主持“六五”育成中籼良种大面积推广项目。参加“南方水稻区水稻良种区域实验结果及应用”项目，主持完成“水稻新品种扩繁及大面积示范”项目，示范面积达6 670hm^2，平均单产6 000 ~ 6 750kg/hm^2，高产田达7 500kg/hm^2。对“模糊遗传学与水稻组合群体的增产效应”试验研究发现，水稻组合群体产量均高于单一群体，不仅有利于现有水稻品种资源、减少培育新品种的投入、延长现有品种的使用期限，还可以解决稻米品质与产量的矛盾。

先后获得贵州省科技成果二等奖1项、贵州省科技进步三等奖4项、中国农业科学院科技进步一等奖1项。主编专著主要有《水稻栽培适用技术》，发表的研究论文主要有《湄潭野生稻考察》《多元磁肥在水稻上的应用效果研究》等。

汤鸿钧

（1942— ），湖南长沙县人，研究员。1964年毕业于贵州农学院农学专业。国务院特殊津贴获得者，贵州省省管专家。

1972年，汤鸿钧开始水稻常规育种。1983年，农业部组织了国内第一次大规模抗虫鉴定，选育的黔育402抗虫达1级。1974年，汤鸿钧开始杂交水稻冷害和抗寒育种研究，应用“同恢渗粳”的育种方法，选育出国内独具特色的强配合力同质恢复系。先后育成具有野生稻、籼稻和粳稻血缘的4个实用恢复系R481、R467、Q431、Q568。通过精心配组，成功选育出贵州省第一个杂交水稻威优481，具有高产、多抗（抗稻瘟病、白叶枯病、苗期低温）、品质较好的特点，育成金优431、威优481等7个抗寒杂交水稻新品种，通过贵州省省级审定，并在生产上大面积应用，为贵州省的杂交水稻抗寒育种和杂交水稻制种做出了积极贡献。

获贵州省（部）级科技进步奖7项，1990年获农业部授予的农技推广先进个人称号，2001年获科技部等授予的全国农业先进工作者称号。发表的研究论文主要有《野败型苗期耐寒组合选育》《同质恢渗粳部分利用亚种间优势及耐冷水稻恢复系选育方法的研究与应用》《湄潭县杂稻制种气候资源的初步研究》等。

严宗卜

(1948—)，浙江省金华县人，研究员。1976年毕业于贵州农学院，先后分别在四川农学院、南京农业大学和美国阿肯色大学水稻研究推广中心进修作物遗传育种和水稻抗性遗传育种。曾任贵州省农业科学院水稻研究所党支部副书记、副所长。被评为贵州省先进留学回国人员，1994年享受贵州省人民政府特殊津贴，2002年享受国务院特殊津贴。

主持并参加选育（及引进）的13个水稻品种均通过贵州省和全国审定，其中香两优875、黔优301、黔香优302、黔优107和360S 5个品种获得了全国品种保护的授权。主持了银桂粘、两优363、K优267、黔优301和黔香优302五个品种的国家及省级示范推广项目。在进行水稻辐射突变体和新矮源的研究中，创造了一批水稻特异材料，丰富了贵州省水稻资源。主持了国家外国专家局的8个引进国外技术、管理人才项目和农业引智成果示范推广项目，邀请10多位美国水稻专家来贵州传授技术和交流，对引智成果进行了示范应用，加强了国际合作研究，且从美国引进了一批优质水稻品种，扩大了贵州省作物遗传资源，为作物遗传育种起到良好作用，同时利用这些优质资源选育的三系杂交香稻黔香优302通过贵州省农作物品种审定委员会审定。

获得贵州省科技进步三等奖3项、贵州省科技进步四等奖2项、贵州省科技进步一等奖1项。发表论文100余篇。

倪克鱼

(1949—)，贵州省贵阳市人，农业推广研究员。1977年毕业于铜仁地区五七农大，1991—1992年在日本农业水产省农业研究中心进修水稻“超高产育种”，1997—1998年在西南农业大学农学系遗传育种研究生班学习。

主持和参加选育的7个水稻品种均通过贵州省和江西省审定，其中金麻粘1985年获全国优质农产品奖，由R456组配的系列杂交稻组合由于株型特异、产量高曾一度得到国内水稻界的好评。在提高水稻千粒重、创新特大粒杂交水稻方面独树一帜，研究发现特大粒水稻品种R147（千粒重46g）携带有大粒显性上位基因。无论母本千粒重是小粒（20g左右）或是中粒（25g左右），凡与之杂交，其F_1籽粒的千粒重均偏向父本粒重或高于双亲粒重的平均值。这一研究结果对于在穗数、穗粒数相对不变的情况下通过提高水稻千粒重增加水稻单位面积产量寻求到一种便捷的途径。

获得贵州省人民政府科技进步二等奖1项、贵州省人民政府科技进步三等奖2项。独立和合作发表论文20余篇。

黄宗洪

(1956—)，贵州思南县人，二级研究员，贵州省省管专家。1982年毕业于贵州农学院农学系农学专业。曾先后担任贵州省农业科学院水稻研究所副所长、所长，2005年9月起任贵州省农业科学院副院长，2012年6月起任贵州省九三学社主委。先后任九三学社中央委员、九三学社中央常委，九届、十届、十一届和十二届贵州省政协常委，十二届和十三届全国政协常委。1997年获国务院政府特殊津贴。先后被评为贵州省先进科技工作者、贵州省优秀青年科技人才、全国优秀农业科技工作者。

主要从事水稻育种及栽培技术研究工作。参与国家“863”计划中试研究项目，主持贵州省“九五”“十五”“十一五”和“十二五”水稻育种攻关项目。主持和参与育成22个水稻新品种，并通过省级农作物品种审定委员会审定，其中3个同时通过国家农作物品种审定委员会审定，1个通过云南省农作物品种审定委员会审定。主持选育的杂交稻新品种金优785于2012年被国家农业部评为水稻“超级稻”品种，又被列为贵州2012年省“十大科技成就”之一。主持和参加选育的水稻两用核不育系611S、2136S和360S也通过贵州省级审定。

获得国家科技进步特等奖1项、国家农牧渔业丰收奖二等奖1项、贵州省科技进步一等奖1项、贵州省科技进步二等奖1项、贵州省科技进步三等奖2项。主持编写《贵州稻作》，发表论文80余篇。

第五章
品种检索表

品种名	英文（拼音）名	类型	审定（育成）年份	审定编号	品种权号	页码
Ⅰ优4761	Ⅰ you 4761	三系杂交籼稻	1998	黔品审第169号	CNA001308G	115
Ⅱ优406	Ⅱ you 406	三系杂交籼稻	2009	黔审稻2009002	CNA20100128.1	116
Ⅱ优T16	Ⅱ you T16	三系杂交籼稻	2012	黔审稻2012006		117
G优298	G you 298	三系杂交籼稻	2013	黔审稻2013009		118
K优2020	K you 2020	三系杂交籼稻	2002	黔审稻2002010		119
K优267	K you 267	三系杂交籼稻	2003	黔审稻2003012		120
K优467	K you 467	三系杂交籼稻	2002	黔审稻2002007		121
安粳314	Angeng 314	常规中粳稻	1993	黔品审第109号		71
安粳698	Angeng 698	常规中粳稻	2000	黔品审第233号		72
安粳9号	Angeng 9	常规中粳稻	1980	统一编号1980003		73
安糯1号	Annuo 1	常规中粳糯稻	1998	黔品审第166号		74
安顺黑糯567	Anshunheinuo 567	常规晚粳糯稻	2000	黔品审第198号		75
安优08	Anyou 08	三系杂交籼稻	2011	黔审稻2011008		122
安优136	Anyou 136	三系杂交籼稻	2010	黔审稻2010011		123
安优粘	Anyouzhan	常规中籼稻	1997	统一编号1997003		45
毕辐2号	Bifu 2	常规中粳稻	1982			76
毕粳22	Bigeng 22	常规中粳稻	1992	黔种审证字第9201号		77
毕粳37	Bigeng 37	常规中粳稻	1995	黔品审第134号		78
毕粳38	Bigeng 38	常规中粳稻	1997	统一编号1997001		79
毕粳39	Bigeng 39	常规中粳稻	2000	统一编号1997005		80
毕粳40	Bigeng 40	常规中粳稻	2002	黔审稻2002008		81
毕粳41	Bigeng 41	常规中粳稻	2003	黔审稻2003019		82
毕粳42	Bigeng 42	常规中粳稻	2004	黔审稻2004005		83
毕粳43	Bigeng 43	常规中粳稻	2010	黔审稻2010019		84
毕粳44	Bigeng 44	常规中粳稻	2011	黔审稻2011012		85
毕粳45	Bigeng 45	常规中粳稻	2013	黔审稻2013010		86
毕粳80	Bigeng 80	常规中粳稻	1985	黔稻16号		87
毕粳杂2035	Bigengza 2035	三系杂交粳稻	2010	黔审稻2010020		205
长优3613	Changyou 3613	三系杂交籼稻	2011	黔审稻2011009		124
成优8319	Chengyou 8319	三系杂交籼稻	2013	黔审稻2013002		125
成优894	Chengyou 894	三系杂交籼稻	2012	黔审稻2012002		126
川谷优425	Chuanguyou 425	三系杂交籼稻	2013	黔审稻2013008		127
川香2058	Chuanxiang 2058	三系杂交籼稻	2009	滇审稻2009020		128
大粒香	Dalixiang	常规中籼稻				46
甸糯	Diannuo	常规粳糯稻	1979	黔稻11号		88

（续）

品种名	英文（拼音）名	类型	审定（育成）年份	审定编号	品种权号	页码
锋优308	Fengyou 308	三系杂交籼稻	2011	黔审稻2011002		129
锋优69	Fengyou 69	三系杂交籼稻	2013	黔审稻2013005		130
锋优85	Fengyou 85	三系杂交籼稻	2013	黔审稻2013006		131
赣优5359	Ganyou 5359	三系杂交籼稻	2013	黔审稻2013003		132
冈优608	Gangyou 608	三系杂交籼稻	2003	黔审稻2003004		133
苟当1号	Goudang 1	常规粳糯稻	2013	黔审稻2013011		89
苟当2号	Goudang 2	常规粳糯稻	2013	黔审稻2013012		90
苟当3号	Goudang 3	常规粳糯稻	2013	黔审稻2013013		91
光辉	Guanghui	常规籼稻	1986	黔稻19号		47
广三选六	Guangsanxuanliu	常规中籼稻	1979	黔稻9号		48
广文10号	Guangwen 10	常规中籼稻	1979			49
广文5号	Guangwen 5	常规中籼稻	1979	黔稻7号		50
贵辐糯	Guifunuo	常规粳糯稻	1989	黔稻27号		92
贵辐籼2号	Guifuxian 2	常规籼稻	1992	黔品审第89号		51
贵花36	Guihua 36	常规粳稻	1993	黔种审证字第110号		93
贵农糯1号	Guinongnuo 1	常规粳糯稻	2008	黔审稻2008011		94
贵农糯2号	Guinongnuo 2	常规粳糯稻	2008	黔审稻2008012		95
贵优2号	Guiyou 2	三系杂交籼稻	2005	黔审稻2005003		134
桂白糯1号	Guibainuo 1	常规粳糯稻	1992	黔品审第97号		96
黑糯141	Heinuo 141	常规中粳糯稻	1986	黔稻17号		97
黑糯86	Heinuo 86	常规中粳糯稻	2000			98
黑糯93	Heinuo 93	常规粳糯稻	1999	黔品审第165号		99
红富糯	Hongfunuo	常规粳糯稻	1996	黔品审第155号		100
吉香1号	Jixiang 1	常规晚粳稻	2011	黔审稻2011013		101
健优388	Jianyou 388	三系杂交籼稻	2010	黔审稻2010003 国审稻2013006		135
江优919	Jiangyou 919	三系杂交籼稻	2012	黔审稻2012008		136
金麻粘	Jinmazhan	常规中籼稻	1986	黔稻18号		52
金香优830	Jinxiangyou 830	三系杂交籼稻	2006	黔审稻2006008		137
金优18	Jinyou 18	三系杂交籼稻	2002	黔审稻2002011 国审稻2004006		138
金优404	Jinyou 404	三系杂交籼稻	2002	黔审稻2002009		139
金优431	Jinyou 431	三系杂交籼稻	2000	黔品审第218号		140
金优467	Jinyou 467	三系杂交籼稻	2002	黔审稻2002006		141
金优554	Jinyou 554	三系杂交籼稻	2003	黔审稻2003001		142
金优785	Jinyou 785	三系杂交籼稻	2010	黔审稻2010002		143
金优T16	Jinyou T16	三系杂交籼稻	2010	黔审稻2010005		144

（续）

品种名	英文（拼音）名	类型	审定（育成）年份	审定编号	品种权号	页码
金优T36	Jinyou T36	三系杂交籼稻	2007	黔审稻2007004		145
金优红	Jinyouhong	三系杂交籼稻	2002	黔审稻2002003		146
锦优707	Jinyou 707	三系杂交籼稻	2011	黔审稻2011004		147
凯香1号	Kaixiang 1	常规籼稻	2006	黔审稻2006012		53
凯中1号	Kaizhong 1	常规中籼稻	1977	黔稻5号		54
凯中2号	Kaizhong 2	常规晚籼稻	1979	黔稻12号		55
科优21	Keyou 21	三系杂交籼稻	2011	黔审稻2011006		148
乐优58	Leyou 58	三系杂交籼稻	2010	黔审稻2010004		149
两优211	Liangyou 211	两系杂交籼稻	2000	黔品审第226号		150
两优363	Liangyou 363	两系杂交籼稻	2000	黔品审第225号 国审稻2003060	CNA001307G	151
两优456	Liangyou 456	两系杂交籼稻	2003	黔审稻2003009		152
两优662	Liangyou 662	两系杂交籼稻	2003	黔审稻2003005		153
两优凯63	Liangyoukai 63	两系杂交籼稻	2001	黔种审证字第018号		154
六粳2号	Liugeng 2	常规中粳稻	1996	黔品审第156号		102
陆两优106	Luliangyou 106	两系杂交籼稻	2002	黔审稻2002012 湘审稻2004018 渝引稻2007007		155
茂香2号	Maoxiang 2	两系杂交籼稻	2003	黔审稻2003016		156
茂优201	Maoyou 201	两系杂交籼稻	2005	黔审稻2005007		157
茂优601	Maoyou 601	三系杂交籼稻	2003	黔审稻2003008		158
绵优281	Mianyou 281	三系杂交籼稻	2009	滇审稻2009021		159
农虎禾	Nonghuhe	常规粳糯稻	1992	黔品审第87号		103
农育1744	Nongyu 1744	常规粳稻	1955			104
糯7优8号	Nuo 7 you 8	常规粳糯稻	2012	黔审稻2012010		105
糯优16	Nuoyou 16	三系杂交籼糯稻	2010	黔审稻2010013		160
糯优18	Nuoyou 18	三系杂交籼糯稻	2010	黔审稻2010014		161
奇优801	Qiyou 801	三系杂交籼稻	2010	黔审稻2010006		162
奇优894	Qiyou 894	三系杂交籼稻	2008	黔审稻2008006	CNA20080226.7	163
奇优915	Qiyou 915	三系杂交籼稻	2010	黔审稻2010010		164
黔花1号	Qianhua 1	常规籼稻	1979	黔稻10号		56
黔花458	Qianhua 458	常规中籼稻	1980			57
黔恢15	Qianhui 15	常规中籼稻	2000	黔品审第217号		58
黔两优58	Qianliangyou 58	两系杂交籼稻	2004	黔审稻2004011		165
黔南糯4号	Qiannannuo 4	常规中粳糯稻	1990	黔品审第194号		106
黔南优2058	Qiannanyou 2058	三系杂交籼稻	2005	黔审稻2005009		166
黔南粘1号	Qiannanzhan 1	常规粳稻	1977	黔稻4号		107

（续）

品种名	英文（拼音）名	类型	审定（育成）年份	审定编号	品种权号	页码
黔南粘4号	Qiannanzhan 4	常规粳稻	1977	黔稻3号		108
黔南粘5号	Qiannanzhan 5	常规粳稻	1977	黔稻2号		109
黔糯204	Qiannuo 204	常规中粳稻	1988	黔稻20号		110
黔香优2000	Qianxiangyou 2000	两系杂交籼稻	2004	黔审稻2004010		167
黔香优302	Qianxiangyou 302	三系杂交籼稻	2005	黔审稻2005001	CNA20080225.9	168
黔优107	Qianyou 107	三系杂交籼稻	2005	黔审稻2005002	CNA20080227.5	169
黔优18	Qianyou 18	三系杂交籼稻	2002	黔审稻2002005		170
黔优301	Qianyou 301	三系杂交籼稻	2004	黔审稻2004009	CNA20080223.2	171
黔优568	Qianyou 568	三系杂交籼稻	2007	黔审稻2007003	CNA20080224.0	172
黔优88	Qianyou 88	三系杂交籼稻	2003	黔审稻2003014		173
黔优联合9号	Qianyoulianhe 9	三系杂交籼稻	2004	黔审稻2004008	CNA20080217.8	174
黔育272	Qianyu 272	常规中籼稻	1979	黔稻8号		59
黔育402	Qianyu 402	常规籼稻	1988	黔稻22号		60
黔育404	Qianyu 404	常规籼稻	1988	黔稻23号		61
黔育413	Qianyu 413	常规中籼稻	1988	黔稻24号		62
秋辐1号	Qiufu 1	常规中籼稻	1982	黔稻13号		63
全优1479	Quanyou 1479	三系杂交籼稻	2012	黔审稻2012007		175
蓉优396	Rongyou 396	三系杂交籼稻	2012	黔审稻2012003		176
瑞优9808	Ruiyou 9808	三系杂交籼稻	2011	黔审稻2011003		177
汕优108	Shanyou108	三系杂交籼稻	2013	黔审稻2013004		178
汕优456	Shanyou 456	三系杂交籼稻	2004	黔审稻2004001		179
汕优608	Shanyou 608	三系杂交籼稻	2004	黔审稻2004002		180
汕优联合2号	Shanyoulianhe 2	三系杂交籼稻	2002	黔审稻2002004 滇特(普洱)审稻2009026		181
汕优窄八	Shanyouzhaiba	三系杂交籼稻	1976			182
天优1177	Tianyou 1177	三系杂交籼稻	2011	黔审稻2011007		183
天优华占	Tianyouhuazhan	三系杂交籼稻	2012	黔审稻2012009		184
铜籼1号	Tongxian 1	常规中籼稻	1985	黔稻15号		64
筒优202	Tongyou 202	三系杂交籼稻	2003	黔审稻2003015		185
威优431	Weiyou 431	三系杂交籼稻	2000	黔品审第227号		186
威优467	Weiyou 467	三系杂交籼稻	1998	黔品审第168号		187
威优481	Weiyou 481	三系杂交籼稻	1992	黔品审第98号		188
锡贡6号	Xigong 6	常规晚籼稻	2006	黔审稻2006013		65
锡利贡米	Xiligongmi	常规籼稻	2003	黔审稻2003010		66
香两优875	Xiangliangyou 875	三系杂交籼稻	2008	黔审稻2008010	CNA20080222.4	189

（续）

品种名	英文（拼音）名	类型	审定（育成）年份	审定编号	品种权号	页码
香早优2017	Xiangzaoyou 2017	三系杂交籼稻	2006	黔审稻2006001		190
湘菲优785	Xiangfeiyou 785	三系杂交籼稻	2012	黔审稻2012001		191
协优385	Xieyou 385	三系杂交籼稻	2011	黔审稻2011001		192
鑫糯1号	Xinnuo 1	常规粳糯稻	2009	黔审稻2009011		111
兴糯1号	Xingnuo 1	常规粳糯稻	1999	黔品审第195号		112
兴糯922	Xingnuo 922	常规晚粳糯稻	2000			113
兴育831	Xingyu 831	常规中籼稻	1989			67
兴育873	Xingyu 873	常规中籼稻	1992	黔品审第85号		68
宜香101	Yixiang 101	三系杂交籼稻	2012	黔审稻2012004		193
宜香2866	Yixiang 2866	三系杂交籼稻	2013	黔审稻2013001		194
益农1号	Yinong 1	三系杂交籼稻	2004	黔审稻2004004 国审稻2006018		195
银桂粘	Yinguizhan	常规中籼稻	1992	黔品审第84号		69
永优21	Yongyou 21	三系杂交籼稻	2009	黔审稻2009004		196
云光101	Yunguang 101	两系杂交粳稻	2011	黔审稻2011010		206
云光109	Yunguang 109	两系杂交粳稻	2011	黔审稻2011011		207
珍优2020	Zhenyou 2020	三系杂交籼稻	2004	黔审稻2004003		197
中9优2号	Zhong 9 you 2	三系杂交籼稻	2012	黔审稻2012005		198
中优169	Zhongyou 169	三系杂交籼稻	2007	黔审稻2007001 滇特（红河）审稻2010001 滇特（文山）审稻2010035		199
中优608	Zhongyou 608	三系杂交籼稻	2008	黔审稻2008001		200
中优T16	Zhongyou T16	三系杂交籼稻	2009	黔审稻2009003		201
中浙优1号	Zhongzheyou 1	三系杂交籼稻	2011	黔审稻2011005		202
筑优985	Zhuyou 985	三系杂交籼稻	2013	黔审稻2013007		203
遵糯优101	Zunnuoyou 101	常规晚粳糯稻	2009	黔审稻2009010		114
遵籼3号	Zunxian 3	常规中籼稻	1982	黔稻14号		70
遵优3号	Zunyou 3	三系杂交籼稻	2005	黔审稻2005008		204

图书在版编目（CIP）数据

中国水稻品种志．贵州卷／万建民总主编；黄宗洪主编．—北京：中国农业出版社，2018.12
ISBN 978-7-109-25074-1

Ⅰ．①中… Ⅱ．①万… ②黄… Ⅲ．①水稻–品种–贵州 Ⅳ．①S511.037

中国版本图书馆CIP数据核字（2018）第288773号

审图号：黔S（2019）003号

中国水稻品种志·贵州卷
ZHONGGUO SHUIDAO PINZHONGZHI · GUIZHOU JUAN

中国农业出版社
地址：北京市朝阳区麦子店街18号楼
邮编：100125

策划编辑：舒　薇　贺志清
责任编辑：郭银巧
装帧设计：贾利霞
版式设计：胡至幸　杜　然
责任校对：吴丽婷
责任印制：王　宏　刘继超

印刷：北京通州皇家印刷厂
版次：2018年12月第1版
印次：2018年12月北京第 1 次印刷
发行：新华书店北京发行所

开本：787mm×1092mm　1/16
印张：15
字数：360千字

定价：230.00元